AF591716

NOMOGRAPHIE.

LES CALCULS USUELS

EFFECTUÉS AU MOYEN

DES ABAQUES.

ESSAI D'UNE THÉORIE GÉNÉRALE.

Règles pratiques. — Exemples d'application,

PAR

MAURICE D'OCAGNE,
INGÉNIEUR DES PONTS ET CHAUSSÉES.

PARIS,
GAUTHIER-VILLARS ET FILS, IMPRIMEURS-LIBRAIRES
DU BUREAU DES LONGITUDES, DE L'ÉCOLE POLYTECHNIQUE,
Quai des Grands-Augustins, 55.

1891

NOMOGRAPHIE.

LES CALCULS USUELS

EFFECTUÉS AU MOYEN

DES ABAQUES.

17329 PARIS. — IMPRIMERIE GAUTHIER-VILLARS ET FILS, QUAI DES GRANDS-AUGUSTINS, 55.

NOMOGRAPHIE.

LES CALCULS USUELS

EFFECTUÉS AU MOYEN

DES ABAQUES.

ESSAI D'UNE THÉORIE GÉNÉRALE.

Règles pratiques. — Exemples d'application,

PAR

MAURICE D'OCAGNE,

INGÉNIEUR DES PONTS ET CHAUSSÉES.

PARIS,

GAUTHIER-VILLARS ET FILS, IMPRIMEURS-LIBRAIRES

DU BUREAU DES LONGITUDES, DE L'ÉCOLE POLYTECHNIQUE,

Quai des Grands-Augustins, 55.

1891

A

Monsieur Éd. COLLIGNON

INSPECTEUR GÉNÉRAL DES PONTS ET CHAUSSÉES,
EXAMINATEUR DE SORTIE A L'ÉCOLE POLYTECHNIQUE.

Hommage de respectueuse affection.

M. d'OCAGNE.

AVANT-PROPOS.

Le calcul numérique est une nécessité journalière pour une foule de professions. Le physicien et plus particulièrement l'électricien, le financier, le navigateur, l'artilleur, etc., sont, à des degrés divers, tous soumis à cette nécessité; pour l'ingénieur, elle est particulièrement impérieuse. Or le calcul est une opération longue le plus souvent, et fastidieuse toujours, dont on doit, autant que possible, chercher à s'affranchir. L'idéal, en cet ordre d'idées, doit être, étant connues certaines données, d'en déduire instantanément et sans aucune opération intermédiaire, ou, du moins, par une opération réduite à sa plus simple expression, la quantité qu'on veut obtenir.

Ce résultat a été recherché de diverses manières. Nous citerons les Tables numériques, fort commodes assurément pour ceux qui s'en servent, mais qui représentent un travail considérable pour ceux qui les dressent; les machines et les règles à calcul, dont les premières coûtent souvent fort cher (*), et qui, en tout cas, ne s'appliquent qu'à des opérations générales, telles que la multiplication, la division, l'extraction des racines, etc.

Sans vouloir méconnaître l'intérêt qui s'attache à ces divers instruments de calcul, nous croyons pouvoir affirmer que c'est la méthode graphique qui constitue le moyen le plus pratique et le plus universel de supprimer la nécessité du calcul numérique. Encore convient-il de faire ici une distinction. La méthode graphique peut venir en aide au calculateur de deux manières absolument différentes.

Dans certains cas, les données étant prises sous forme d'éléments géométriques simples, segments de droites, angles, aires, etc., il

(*) Nous devons dire, cependant, qu'un ingénieur civil attaché à l'administration des Chemins de fer de l'État, M. Genaille, a construit divers appareils de calcul aussi simples qu'ingénieux, dont le prix de revient est insignifiant.

s'agit, *au moyen d'une construction*, d'en déduire les inconnues mises sous la même forme. On doit, en d'autres termes, exécuter une *épure*. A ce genre d'application appartiennent, en particulier, tous les procédés de la Statique graphique, et nous entendons par là non seulement ceux à qui cette dénomination est plus spécialement réservée et qui dérivent systématiquement des propriétés des polygones funiculaires, mais encore tous ceux qui se déduisent d'autres considérations géométriques, tels, par exemple, que M. Collignon en a fait connaître, et de si élégants, pour le problème de la poutre droite soumise à des charges discontinues, pour celui de l'arc parabolique surbaissé, etc.

Les épures ainsi substituées au calcul numérique sont, en général, fort simples, fort expéditives, et les ingénieurs accusent une tendance de plus en plus marquée à y recourir. Mais elles sont encore en dehors du sujet que nous avons en vue ici, et qui a trait à un autre mode d'application de la méthode graphique. Celle-ci peut, en effet, fournir la représentation sur un plan, au moyen de certains systèmes de courbes faciles à construire et construites une fois pour toutes, des équations qui lient entre elles les quantités soumises au calcul. De tels Tableaux graphiques, ou *abaques*, pour employer un terme que l'usage a aujourd'hui pleinement consacré, donnent les résultats à déduire de la formule à laquelle ils s'appliquent *par une simple lecture*. Ils suppriment donc, une fois construits, toute espèce d'opérations, et se trouvent ainsi réaliser l'idéal que nous définissions plus haut.

Leur exécution, il est vrai, représente un certain travail; mais celui-ci, qui est loin d'être aussi important qu'on pourrait le croire au premier abord, est, en tout cas, incomparablement plus simple et exige infiniment moins de temps que celui de la construction des Tables numériques [1], pour fournir les mêmes résultats que celles-ci dans le cas où elles sont réalisables, et s'étendre à une foule d'autres cas pour lesquels elles ne seraient pas pratiquement possibles, faute de se pouvoir prêter à plus de deux entrées.

---

[1] Il est assez difficile de chiffrer l'économie de temps résultant de la substitution d'un abaque au calcul d'une table numérique à double entrée. Notre expérience personnelle nous permet d'affirmer que, bien souvent, le rapport des temps employés dans l'un et l'autre cas, atteint celui de 1 à 20 et même davantage.

Il est bien évident d'ailleurs que la construction des abaques ne sera véritablement avantageuse que lorsqu'il s'agira de formules d'un usage fréquent. Mais celles-ci sont assez nombreuses pour attester la haute utilité pratique de la méthode et attirer sur elle l'attention des gens techniques en raison du profit, en quelque sorte permanent, qu'ils ont à en tirer.

Nous souhaiterions même que l'usage des abaques entrât assez dans leurs habitudes pour que les auteurs écrivant sur des sujets techniques fussent amenés, en faisant connaître quelque formule nouvelle applicable à un objet pratique, à en faire immédiatement la traduction sous forme d'abaque, de façon à donner mieux que la formule elle-même, à savoir les résultats auxquels elle doit conduire dans les cas où elle est applicable (1). Il nous semble de même que le recueil des formules relatives à une certaine profession pourrait être avantageusement remplacé par l'atlas des abaques correspondants. Cette considération n'a pas été étrangère à la pensée qui nous a guidé dans la rédaction du présent Travail, dont nous faisons ressortir le but un peu plus loin.

Rappelons d'abord qu'il y a fort longtemps qu'on a songé à utiliser la méthode graphique en vue de la suppression du calcul numérique. L'*Arithmétique linéaire* de Pouchet, fondée sur cette idée, remonte à 1795. Nombre de travaux datant de la première moitié du siècle et dus à d'Obenheim, Bellencontre, Allix, s'en sont également inspirés. Terquem semble avoir, le premier, énoncé un principe général sur le sujet en faisant remarquer que la représentation graphique des équations à trois variables pouvait être identifiée à la représentation plane d'une surface topographique par les projections de ses courbes de niveau.

Depuis lors, M. Lalanne, en imaginant le principe de l'anamorphose qui lui permit d'apporter une grande simplification dans la construction de certains abaques d'un usage tout à fait courant, ouvrit une voie nouvelle, dans laquelle il fut suivi par de nombreux auteurs, notamment par MM. Collignon (formules d'Hydraulique),

(1) Ce vœu se trouve déjà réalisé dans divers Ouvrages ou Mémoires techniques, notamment dans le *Traité de Nivellement de haute précision* de M. Lallemand, qui fait partie de l'*Encyclopédie des Travaux publics*, dans la remarquable *Étude sur le dessèchement des pays watringués*, de M. Crépin (*Annales des Ponts et Chaussées*, 6e série, t. I, p. 195; 1881), etc.

Chéry (formules de la résistance des matériaux), Massau, qui a énoncé le principe de l'anamorphose dans toute sa généralité, etc. Il est inutile de rappeler longuement les services rendus par les abaques construits par M. Lalanne, d'après son principe, pour le calcul des profils de terrassements, alors qu'étaient dressés les projets des lignes de notre grand réseau de chemins de fer.

Plus récemment, une application tout à fait remarquable des abaques, et d'abaques conçus d'après un principe nouveau, a été faite au Service du Nivellement général de la France, par M. l'Ingénieur des Mines Lallemand, chargé de diriger les opérations de cet important service. Grâce à ces abaques, dits *hexagonaux* [1], sur lesquels nous aurons occasion de nous étendre au cours de ce Travail, M. Lallemand est parvenu à faire faire en quelques minutes une besogne qui se répète journellement et qui absorbait auparavant tout le temps de certains employés attelés au travail ingrat et rebutant des calculs de correction.

Cette application seule des abaques suffirait à fixer sur eux l'attention de tous les hommes techniques qui, dans chaque spécialité, n'ont pas moins d'avantages à en attendre.

Ayant eu, pour notre part, fréquemment occasion d'y recourir, nous avons aussi rencontré divers procédés susceptibles, en certains cas, de faire naître de sérieuses simplifications. Nous nous sommes donc trouvé tout naturellement conduit à faire une étude comparative des diverses méthodes connues, de façon à essayer d'en faire saillir les traits généraux, et nous avons été ainsi amené à reconnaître, entre des méthodes en apparence assez dissemblables et tirées par leurs auteurs de points de départ tout différents, un lien qui les fait rentrer toutes dans un cadre commun et unifor-

---

(1) Sauf une Note très succincte présentée à l'Académie des Sciences (*Comptes rendus*, t. CII, p. 816), M. Lallemand n'a pas encore livré au public l'exposé de sa Méthode, l'autographie qui en a été faite et que nous citons plus loin, dans la Note bibliographique, n'ayant pas été mise en vente. Néanmoins, ce savant ingénieur a bien voulu nous engager à donner dans le présent Ouvrage les principes encore inédits de sa Méthode. Nous tenons à lui en faire nos remerciements, et nous avons l'espoir que ce que nous disons ici de ses abaques hexagonaux donnera à nos lecteurs la curiosité de prendre connaissance, dès qu'elle paraîtra, de la publication détaillée qu'il compte leur consacrer. Il y a d'ailleurs lieu de noter que la façon dont nous présentons ces principes, qui dérive de notre méthode générale, diffère absolument de celle par laquelle leur auteur les a établis.

mément dériver de certains principes à la vérité bien simples et bien élémentaires.

C'est donc, à proprement parler, l'ensemble d'un petit corps de doctrine que nous avons constitué en des matières jusqu'ici assez éparses. Il serait plus exact de dire que ce n'est encore que l'ébauche d'un tel corps de doctrine. Mais, tel qu'il est, nous avons pensé qu'il y avait utilité à faire connaître le fruit de nos recherches, tant au point de vue didactique, pour mettre une certaine uniformité dans l'exposé des méthodes déjà connues et rendre par là leur assimilation plus aisée à ceux qui les abordent pour la première fois, qu'au point de vue pratique, pour faciliter l'extension et les applications ultérieures de ces méthodes.

Notre exposé se trouve naturellement complété par un certain nombre d'exemples. Nous avons généralement choisi ceux-ci moins pour leur importance propre qu'en raison des remarques particulières auxquelles ils pouvaient donner lieu sur l'application de la théorie.

Nous nous sommes néanmoins appliqué à les prendre dans la pratique courante, notamment dans celle du métier d'ingénieur (¹).

Nous tenons encore à présenter une observation sur un point de méthode de l'exposé qui va suivre. La théorie des points isoplèthes qu'on trouvera plus loin (Chap. IV) et pour laquelle nous employons un système spécial de coordonnées tangentielles, les coordonnées parallèles, pourrait évidemment être faite en coordonnées cartésiennes ordinaires. Il suffirait, pour cela, au lieu de représenter le point par une équation en coordonnées parallèles dont les coefficients sont fonctions d'un certain paramètre, de le représenter par ses deux coordonnées cartésiennes, fonctions de ce paramètre. Mais, outre que l'emploi de ces coordonnées parallèles est aussi simple que possible, puisque toutes les notions qu'il exige tiennent en quelques lignes (nº **28**), il a l'avantage, en

(¹) Nous tenons aussi à dire que nous avons dû, par suite de nécessités typographiques, établir la plupart des abaques qui figurent dans cet Ouvrage à une échelle inférieure à celle qui serait adoptée dans la pratique en vue d'obtenir le degré d'approximation requis par les applications. Par la même occasion, nous adressons nos remerciements à M. le Conducteur des Ponts et Chaussées Guerche, pour le soin avec lequel il a dessiné les figures de cet Ouvrage.

établissant une corrélation parfaite entre la théorie des points isoplèthes et celle des droites isoplèthes, de rattacher celle-là comme celle-ci au principe fondamental par où débute cette étude et qui se trouve ainsi la dominer tout entière. Il n'en aurait pas été de même si la théorie des points isoplèthes avait été faite en coordonnées cartésiennes.

Nous ne supposons d'ailleurs, dans tout notre Travail, que l'emploi des coordonnées soit ponctuelles cartésiennes, soit tangentielles parallèles. Il est bien évident qu'on pourra, le cas échéant, en utiliser d'autres, et notamment celui des coordonnées polaires. Les principes de la méthode n'en seraient, pour cela, nullement modifiés.

Nous n'avons pas cru devoir nous arrêter spécialement au cas des équations à deux variables qui ne présente aucune notable particularité. Il suffit d'ailleurs, pour être ramené à ce cas, de supposer, dans le cas de trois variables, une de celles-ci remplacée par une constante.

Arrivé au terme de notre recherche, nous avons pensé qu'il y avait lieu de désigner, par une dénomination propre, le petit corps de doctrine spécial qu'elle avait mis en relief à nos yeux. Comme il s'agit, en somme, de la représentation graphique de la *loi* qui unit plusieurs quantités simultanément variables, loi dont ce qu'on appelle *équation* n'est que l'expression analytique, nous avons cru pouvoir adopter le terme de *nomographie* (νόμος, loi), inscrit en tête de cette étude.

Au point de vue philosophique, on peut faire un rapprochement entre la Nomographie et la Géométrie descriptive. L'un et l'autre de ces corps de doctrine ont pour but la mise en application de certains principes des Sciences mathématiques, sans l'intervention d'aucun autre principe étranger à ces Sciences, en vue de certains besoins absolument pratiques.

La Géométrie descriptive ramène au plan les faits de l'*espace*, la Nomographie ceux du *nombre*. L'une repose sur l'emploi de quelques propositions simples de Géométrie pure, l'autre sur quelques principes non moins élémentaires de Géométrie analytique.

Avril 1891.

NOTE BIBLIOGRAPHIQUE.

Nous n'avons aucunement la prétention de dresser ici une liste complète de la Bibliographie des abaques. Nous donnons simplement les titres des Ouvrages de langue française où se trouvent, à notre connaissance, traitées avec quelque généralité, plusieurs des parties que nous avons fondues en un seul corps dans le présent Ouvrage :

LALANNE. — *Mémoire sur les Tables graphiques et sur la Géométrie anamorphique* (ANN. DES PONTS ET CHAUSSÉES, 1er sem.; 1846).

LALANNE. — *Méthodes graphiques pour l'expression des lois à trois variables.* Mémoire publié dans les NOTICES SUR LES MODÈLES, CARTES ET DESSINS RELATIFS AUX TRAVAUX DES PONTS ET CHAUSSÉES, RÉUNIS PAR LES SOINS DU MINISTÈRE DES TRAVAUX PUBLICS, à l'occasion de l'Exposition universelle de Paris, en 1878.

LALANNE. — *Méthodes graphiques pour l'expression des lois empiriques ou mathématiques à trois variables.* Ce Mémoire, qui ne diffère du précédent que par quelques points de détail, a été inséré dans l'Ouvrage de même titre que le précédent, qui a été publié à l'occasion de l'Exposition universelle de Melbourne, en 1880.

LALLEMAND. — *Les abaques hexagonaux.* Feuilles lithographiées en 1885 par les soins du Ministère des Travaux publics, pour les besoins du Service du nivellement général de la France, et non livrées au public.

MASSAU. — *Mémoire sur l'intégration graphique et ses applications* (Liv. III et IV). Publié dans les ANNALES DE L'ASSOCIATION DES INGÉNIEURS SORTIS DES ÉCOLES SPÉCIALES DE GAND, en 1884 et années suivantes. Les Livres I et II de ce Mémoire, qui ne traitent des abaques dans aucune de leurs parties, avaient paru en 1878.

FAVARO ET TERRIER. — *Leçons de Statique graphique* (T. II, Chap. V, VI, VII, et Notes additionnelles). Paris, Gauthier-Villars; 1885.

D'OCAGNE. — *Procédé nouveau de Calcul graphique* (ANNALES DES PONTS ET CHAUSSÉES, 2e sem. 1884).

D'OCAGNE. — *Méthode de Calcul graphique fondée sur l'emploi des coordonnées parallèles* (GÉNIE CIVIL, t. XVII, 1890).

NOMOGRAPHIE.

—

LES CALCULS USUELS

EFFECTUÉS AU MOYEN

DES ABAQUES.

CHAPITRE I.

ÉQUATIONS NE CONTENANT PAS PLUS DE TROIS VARIABLES.

Principe fondamental. Définition des isoplèthes.

1. Considérons les équations de trois courbes renfermant chacune un paramètre arbitraire

(I_1) $$F_1(x, y, \alpha) = 0,$$
(I_2) $$F_2(x, y, \beta) = 0,$$
(I_3) $$F_3(x, y, \gamma) = 0.$$

A chaque valeur du paramètre α correspond, en vertu de (I_1), une courbe qui peut être désignée par cette valeur de α inscrite à côté de cette courbe. Pour rappeler que l'élément α a la même valeur tout le long d'une quelconque de ces courbes, celles-ci sont dites des *isoplèthes* (¹) pour l'élément α. Nous les désignerons ordinairement par la notation (α).

De même la variation de β dans (I_2) et celle de γ dans (I_3) fournissent des isoplèthes respectivement cotées au moyen des valeurs de β et de γ.

(¹) Terme proposé par l'auteur allemand Vogler et adopté par M. Lalanne.

Si nous éliminons x et y entre les équations (I_1), (I_2) et (I_3), nous obtenons la relation à laquelle doit satisfaire un système de valeurs de α, β, γ, pour que les isoplèthes correspondantes concourent en un même point. Cette relation peut s'écrire

$$\text{(E)} \qquad F_0(\alpha, \beta, \gamma) = 0.$$

Il est donc permis de dire que le Tableau graphique ou *abaque*, formé par les trois systèmes de courbes cotées, qui viennent d'être définis, constitue une représentation de l'équation (E). Un tel abaque est représenté schématiquement par la *fig.* 1.

Fig. 1.

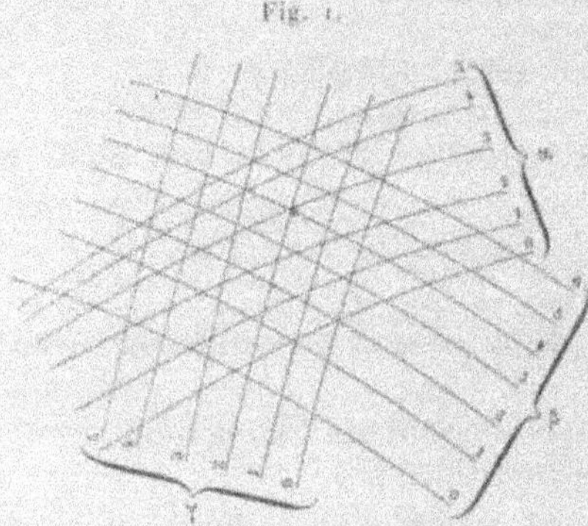

La liaison entre les valeurs de α, β, γ qu'établit cette équation se traduit sur l'abaque par le fait du croisement en un même point des courbes pourvues des cotes correspondantes. Par exemple, sur l'abaque de la *fig.* 1, pour $\alpha = 3$, $\beta = 4$, on aurait $\gamma = 2$.

Ici se placent deux remarques essentielles au point de vue de la construction des abaques.

1° Les accroissements successifs, généralement égaux, qu'on donnera à chaque paramètre pour engendrer un cours d'isoplèthes devront être assez petits pour que l'interpolation à vue qui se fera entre celles-ci atteigne le degré d'approximation voulu; il faudra, d'autre part, que le dessin soit fait à une échelle, telle que les isoplèthes répondant à ces valeurs successives du paramètre se dégagent nettement au regard.

2° On se rendra compte *a priori* du champ à l'intérieur duquel, en pratique, reste comprise chacune des variables, afin de ne pas charger le Tableau de parties inutiles.

Outre donc la forme de l'équation à représenter, on devra connaître, dans chaque cas particulier, le *degré d'approximation* exigé et l'*amplitude de la variation* de chacune des quantités figurant dans l'équation.

L'abaque étant supposé satisfaire à la condition qui vient d'être énoncée, rélativement au degré d'approximation obtenu par une interpolation visuelle, nous pourrons parler des courbes que l'œil intercale de lui-même entre celles qui sont effectivement tracées au même titre que de ces dernières.

Nous dirons, par suite, aussi bien pour les valeurs interpolées des variables que pour leurs valeurs cotées, que, si l'on se donne les valeurs de deux des variables α et β, on a la valeur correspondante de γ déterminée par l'équation (E), *en lisant la cote de l'isoplèthe* (γ) *qui passe par le point de croisement des isoplèthes* (α) *et* (β).

Méthode ordinaire.

2. Il est de toute évidence, étant donnée l'équation (E), qu'on peut choisir arbitrairement deux quelconques des trois premières équations, par exemple (I_1) et (I_2); (I_3) s'obtient alors en éliminant α et β entre ces équations et l'équation donnée (E). Toute la question se réduit, étant donnée cette dernière, à choisir judicieusement (I_1) et (I_2) pour que les courbes représentées par celles-ci, ainsi que celles données par l'équation (I_3) qui s'en déduit, soient aussi simples que possible.

On est tout d'abord amené à donner à (I_1) et (I_2) la forme la plus simple, en posant

$$(I'_1) \qquad x = \alpha,$$

$$(I'_2) \qquad y = \beta.$$

L'équation (I_3) devient, dans ce cas,

$$(I'_3) \qquad F_3(x, y, \gamma) = 0.$$

Cela revient à prendre deux des variables pour coordonnées courantes et la troisième comme paramètre arbitraire. C'est là le procédé qui se présente le plus naturellement à l'esprit et qui est le plus couramment appliqué. Ici les isoplèthes (α) sont des parallèles équidistantes à l'axe des y, les isoplèthes (β) des parallèles équidistantes à l'axe des x. L'abaque se compose en somme des isoplèthes (γ) tracées sur une feuille quadrillée (*fig.* 2).

Fig. 2.

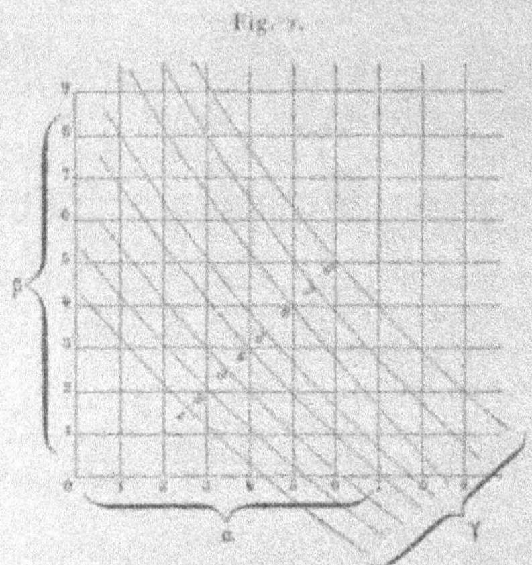

Ce mode de représentation [1] étant applicable à toutes les équations à trois variables, il aurait été bien inutile de le faire découler d'un principe plus général, si celui-ci ne devait, dans certains cas, conduire, par une particularisation différente, à des abaques de construction plus simple.

Principe de l'anamorphose.

3. Prenons, par exemple, une équation de la forme

$$(E^0) \qquad f(\alpha)\psi_1(\gamma) + \varphi(\beta)\psi_2(\gamma) + \psi_3(\gamma) = 0.$$

Ici nous prendrons pour équations (I_1) et (I_2)

$$(I_1^0) \qquad x = f(\alpha),$$

$$(I_2^0) \qquad y = \varphi(\beta).$$

---

[1] Les applications connues en sont des plus nombreuses. Nous citerons, en particulier, pour le soin avec lequel ils ont été dressés, les excellents Tableaux graphiques sur les questions d'intérêts et de finances de M. Eugène Pereire.

L'équation (I_3) obtenue, comme nous l'avons dit plus haut, par élimination de α et β entre (I_1), (I_2) et (E), est ici

$$(I_3'') \qquad x\psi_1(\gamma) + y\psi_2(\gamma) + \psi_3(\gamma) = 0.$$

Les isoplèthes (α) et (β) sont donc encore des parallèles aux axes, mais cette fois, non plus équidistantes, et les isoplèthes (γ) sont aussi des droites, tangentes à une certaine courbe dont l'équation, si on la désirait, s'obtiendrait, comme on sait, en éliminant γ entre l'équation (I_3'') et sa dérivée prise par rapport à γ.

C'est la substitution de ces droites (γ) aux courbes que donnerait l'application de la méthode ordinaire qui constitue le *principe de l'anamorphose* de M. Lalanne. Cette façon de l'établir montre immédiatement qu'il n'est qu'un cas particulier de celui qui va être maintenant indiqué.

Généralisation du principe de l'anamorphose.

4. Cherchons la forme générale des équations représentables par trois cours d'isoplèthes rectilignes. Dans cette hypothèse, les équations (I_1), (I_2) et (I_3) devant être du premier degré en x et y pourront s'écrire

$$(I_1''') \qquad xf_1(\alpha) + yf_2(\alpha) + f_3(\alpha) = 0,$$

$$(I_2''') \qquad x\varphi_1(\beta) + y\varphi_2(\beta) + \varphi_3(\beta) = 0,$$

$$(I_3''') \qquad x\psi_1(\gamma) + y\psi_2(\gamma) + \psi_3(\gamma) = 0.$$

La forme de l'équation (E) correspondante, obtenue par élimination de x et y, peut s'écrire immédiatement sous forme de déterminant

$$(E''') \qquad \begin{vmatrix} f_1(\alpha) & f_2(\alpha) & f_3(\alpha) \\ \varphi_1(\beta) & \varphi_2(\beta) & \varphi_3(\beta) \\ \psi_1(\gamma) & \psi_2(\gamma) & \psi_3(\gamma) \end{vmatrix} = 0.$$

La disposition générale des abaques correspondants est représentée schématiquement par la *fig.* 3.

Il n'est pas toujours facile, sans quelques tâtonnements, de voir si une équation donnée entre trois variables peut se mettre sous cette forme ([1]). Voici un cas, assez fréquent dans la pratique, où la vérification se fait très facilement : c'est celui où l'équation

Fig. 3.

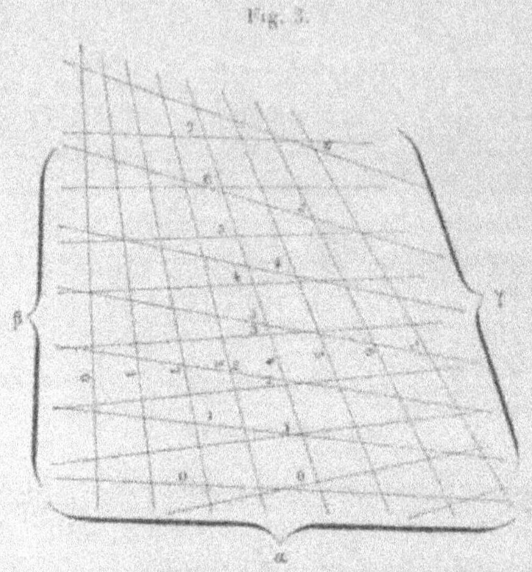

donnée se présente sous la forme

$$(\mathrm{E}'') \qquad \chi_1(\alpha, \beta)\psi_1(\gamma) + \chi_2(\alpha, \beta)\psi_2(\gamma) + \chi_3(\alpha, \beta)\psi_3(\gamma) = 0.$$

Il suffit alors de poser

$$(\mathrm{A}) \qquad \left\{ \begin{aligned} x &= \frac{\chi_1(\alpha, \beta)}{\chi_3(\alpha, \beta)}, \\ y &= \frac{\chi_2(\alpha, \beta)}{\chi_3(\alpha, \beta)}. \end{aligned} \right.$$

([1]) Le caractère commun à toutes les équations susceptibles de revêtir la forme (E''') se traduirait par une équation aux dérivées partielles obtenue par l'élimination des fonctions arbitraires qui entrent dans cette forme. Ces fonctions sont au nombre de six (car on ne doit, dans chaque ligne du déterminant, considérer comme arbitraires que les rapports de deux des éléments au troisième) et le problème d'Analyse consistant à les éliminer ne manquerait pas d'une certaine complication. Ce problème a été complètement résolu, et d'une manière fort élégante, par M. l'Ingénieur des Mines Lecornu (*Comptes rendus de l'Académie des Sciences*, t. CII, p. 815), dans le cas où la forme (E''') se réduit à (E''). M. Lecornu a non seulement éliminé les quatre fonctions arbitraires que renferme (E''), mais encore indiqué la façon dont elles peuvent se déterminer lorsqu'on a vérifié que l'équation proposée peut se mettre sous cette forme.

et d'éliminer successivement β et α entre ces équations. Si les résultants de ces éliminations sont du premier degré en x et y,

$$
\text{(B)} \qquad \left\{
\begin{array}{ll}
(I_1^{iv}) & x f_1(\alpha) + y f_2(\alpha) + f_3(\alpha) = 0, \\
(I_2^{iv}) & x \varphi_1(\beta) + y \varphi_2(\beta) + \varphi_3(\beta) = 0,
\end{array}
\right.
$$

on prendra ces équations pour (I_1) et (I_2); (I_3) s'obtiendra en éliminant α et β entre ces équations et (E^{iv}), et comme le système (B) est équivalent au système (A), le résultat de cette élimination sera

$$
(I_3^{iv}) \qquad x\psi_1(\gamma) + y\psi_2(\gamma) + \psi_3(\gamma) = 0.
$$

L'équation (E^{iv}) sera donc alors représentable par trois cours d'isoplèthes rectilignes.

Triple réglure.

5. Il nous sera nécessaire d'adopter une dénomination spéciale abrégée pour les équations représentables par trois cours d'isoplèthes rectilignes, c'est-à-dire rentrant dans le type général (E'''). Nous proposerons le terme *d'équations à triple réglure* qui évoque bien l'idée de la propriété sus-indiquée.

Isoplèthes circulaires.

6. Remarquons en passant que, pour certaines formes de l'équation (E), une ou plusieurs des équations (I_1), (I_2) et (I_3) pourront être choisies de façon à représenter des cercles. On aura ainsi la représentation, au moyen d'isoplèthes circulaires, aussi faciles à construire que des droites, de certaines équations non à triple réglure. On en trouvera plus loin (n° 16) un exemple remarquable.

Échelles binaires à parallèles.

7. Soit une fonction de deux variables $\varphi(\beta, \gamma)$; on peut toujours construire un abaque sur lequel ses valeurs soient données par des *segments proportionnels*, déterminés sur un axe par des parallèles à un autre axe. Posons, en effet,

$$
\varphi(\beta, \gamma) = \alpha
$$

et représentons cette dernière équation par un abaque ainsi qu'il a été dit au n° 2 (*fig.* 2), c'est-à-dire en prenant comme premier cours d'isoplèthes [éq. (I_1)]

$$x = \alpha.$$

Dans ces conditions, la parallèle à l'axe des y, menée par le point de croisement des isoplèthes (β) et (γ), détermine sur l'axe des x un segment qui donne, à l'échelle de la figure, la valeur correspondante de $\varphi(\beta, \gamma)$. Aussi l'abaque ainsi construit est-il dit une *échelle binaire à parallèles* de la fonction $\varphi(\beta, \gamma)$. On verra, au Chap. V, le parti que M. Lallemand a su tirer de l'emploi de ces échelles binaires, dont il semble avoir été le premier à se servir systématiquement.

Échelles binaires à radiantes.

8. On peut encore avoir les valeurs de $\varphi(\beta, \gamma)$ par les coefficients angulaires de droites issues de l'origine. Il suffit pour cela, après avoir posé comme précédemment

Fig. 4.

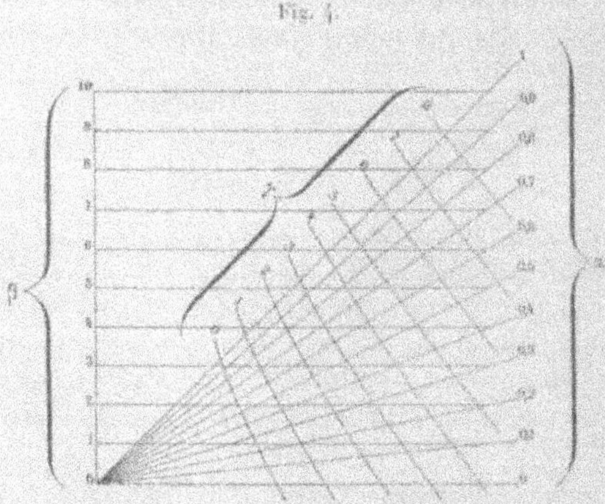

$$\alpha = \varphi(\beta, \gamma),$$

de construire l'abaque (*fig.* 4) de cette dernière équation en prenant comme premier cours d'isoplèthes [éq. (I_1)]

$$y = \alpha x$$

Dans ces conditions la droite joignant l'origine au point de croisement des isoplèthes (β) et (γ) a pour coefficient angulaire $\varphi(\beta, \gamma)$; on a ainsi une *échelle binaire à radiantes* de la fonction $\varphi(\beta, \gamma)$. Ces échelles ont été également imaginées par M. Lallemand.

Échelles binaires anamorphosées.

9. En général, dans ce cas, comme dans le précédent, on prendra comme second système d'isoplèthes des parallèles équidistantes à un des axes, en adoptant pour équation (I_2)

$$y = \beta.$$

On pourra néanmoins choisir autrement le second cours d'isoplèthes, de façon à n'avoir pour isoplèthes que des droites quand la forme de la fonction $\varphi(\beta, \gamma)$ s'y prêtera.

Ainsi, dans le cas du n° 7, si l'équation donnée a la forme

$$\alpha = \varphi(\beta)\psi_1(\gamma) + \psi_2(\gamma),$$

on prendra évidemment comme équation (I_2)

$$y = \varphi(\beta),$$

parce qu'alors, l'équation (I_1) étant

$$x = \alpha,$$

il viendra pour l'équation (I_3)

$$x = y\psi_1(\gamma) + \psi_2(\gamma)$$

qui représente des droites.

De même dans le cas du n° 8, si l'équation donnée a encore la forme

$$\alpha = \varphi(\beta)\psi_1(\gamma) + \psi_2(\gamma),$$

on prendra comme équation (I_2)

$$x = \frac{1}{\varphi(\beta)},$$

parce qu'alors l'équation (I_3) sera

$$y = \psi_1(\gamma) + x\psi_2(\gamma).$$

On a ainsi des *échelles binaires anamorphosées*.

Élimination graphique.

10. Supposons qu'on ait

$$F(\alpha, \beta, \gamma) = 0,$$
$$\Phi(\alpha', \beta', \gamma) = 0$$

et qu'on veuille éliminer γ entre ces équations. Il suffit de construire leurs abaques, en prenant pour chacune d'elles l'équation (I_2) sous la forme

$$y = \gamma$$

et de placer ces deux abaques sur une même feuille (*fig.* 5), de telle façon que leurs axes des x se prolongent; alors les valeurs

Fig. 5.

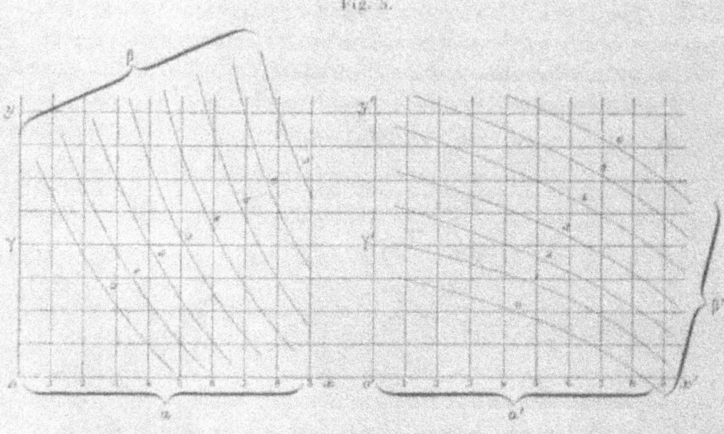

de γ se correspondent d'un abaque à l'autre sur des parallèles à l'axe des x, et γ se trouve éliminé par le seul fait du tracé de ces parallèles. En effet, si l'on se donne α, β, β' et que l'on veuille α', la valeur de γ étant [d'après la forme admise pour l'équation (I_2)] donnée par l'y du point de croisement des isoplèthes (α) et (β), il suffit, au moyen d'une parallèle à l'axe des x, d'aller prendre sur l'isoplèthe β' du second abaque le point qui a cet y, pour lire immédiatement sur la parallèle à l'axe des y passant par ce point la valeur de α'.

Par exemple, avec l'abaque de la *fig*. 5, pour

$$\alpha = 4, \quad \beta = 2, \quad \beta' = 3,$$

on a

$$\alpha' = 6,6.$$

Le principe de l'élimination graphique, comme celui des échelles binaires, a donné lieu, de la part de M. Lallemand, aux applications les plus élégantes.

Ce principe peut aisément être généralisé. L'abaque de la première des deux équations ci-dessus ayant été construit avec un choix quelconque d'isoplèthes, construisons celui de la seconde en adoptant le même système d'isoplèthes (γ) que pour le précédent. Il suffira dès lors de superposer ces deux abaques, en faisant coïncider les systèmes d'isoplèthes (γ) pour opérer l'élimination de la variable γ. Observons en outre que, puisqu'on est libre, ainsi que cela a été remarqué au début du n° **2**, de donner arbitrairement, pour une équation quelconque à trois variables, deux des systèmes d'isoplèthes sur trois, on pourra adopter pour la variable α', sur le second abaque, le même système que pour la variable α sur le premier. Après superposition des deux abaques, ces systèmes (α) et (α') viendront donc aussi se confondre; l'abaque obtenu finalement se trouvera dès lors constitué par un premier système gradué à la fois pour α et α', un pour β, un pour β' et un dernier non gradué pour γ. Si l'une des deux équations est à triple réglure, on fera en sorte, comme cela a été indiqué au n° **4**, que trois de ces systèmes soient rectilignes.

On a ainsi, en résumé, un mode de représentation d'équations à quatre variables d'un type très général, à savoir de celles qui peuvent être obtenues par l'élimination d'une variable auxiliaire entre deux équations liant chacune cette variable à deux de celles qui figurent dans la proposée.

CHAPITRE II.

QUELQUES EXEMPLES D'ÉQUATIONS A TROIS VARIABLES.

Abaque de multiplication et de division.

11. La plus simple des équations usuelles à trois variables est celle qui traduit la multiplication ou la division

$$\gamma = \alpha\beta.$$

Si l'on prend comme équations (I_1) et (I_2)

$$x = \alpha,$$
$$y = \beta,$$

l'équation (I_3) est

$$xy = \gamma;$$

elle donne comme isoplèthes des hyperboles équilatères ayant les axes pour asymptotes.

12. Si l'on prend pour équations (I_1) et (I_2)

$$x = \log \alpha,$$
$$y = \log \beta,$$

on a pour équation (I_3)

$$\gamma = e^{x+y} \quad \text{ou} \quad \log\gamma = x + y,$$

qui donne des perpendiculaires à la bissectrice des axes. On obtient ainsi l'abaque bien connu de M. Lalanne (*fig.* 6) [1].

Fig. 6.

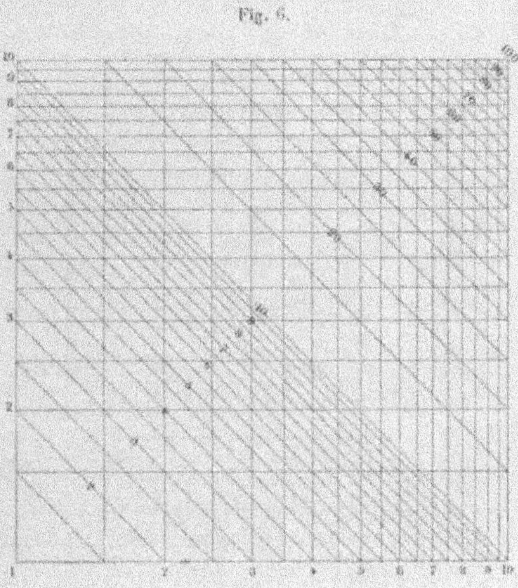

13. Si l'on prend pour équations (I_1) et (I_2)

$$x = \alpha,$$
$$y = \beta x,$$

on a pour équation (I_3)

$$y = \gamma.$$

---

(1) Nous pensons qu'il est inutile de reproduire ici les autres exemples classiques de l'application du principe de l'anamorphose. On trouvera les abaques de M. Lalanne pour la mesure des profils en travers dans le cours de *Routes* de M. Durand-Claye, faisant partie de l'*Encyclopédie des Travaux publics* (p. 307), les abaques de M. Collignon pour les formules fondamentales de l'Hydraulique, en Appendice à son *Cours d'Hydraulique*, les abaques du commandant Chéry, dans l'Atlas de son Ouvrage : *Pratique de la Résistance des Matériaux dans les constructions*. Pour ce qui est de ce dernier ordre d'application, on doit aussi une mention spéciale aux abaques de M. Genaille, publiés sous le titre : *Les Graphiques de l'Ingénieur*.

On a ainsi un abaque (*fig.* 7) où les valeurs de chacune des trois variables sont données par des segments proportionnels, pour α

Fig. 7.

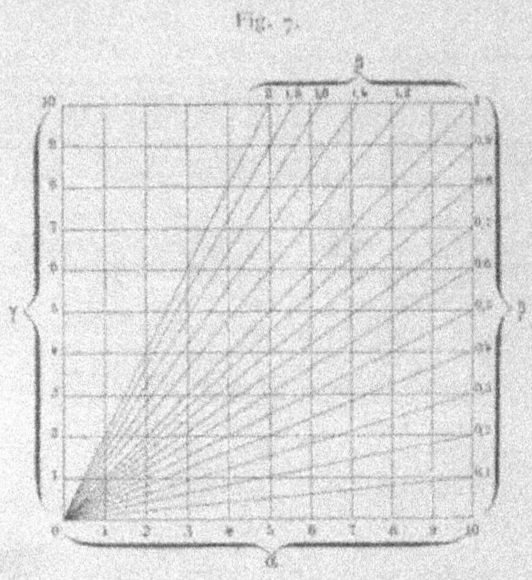

sur l'axe des x, pour γ sur l'axe des y, pour β sur une parallèle à l'axe des y. C'est par ce dernier procédé que M. Lallemand effectue la multiplication dans ses abaques hexagonaux.

14. Plus généralement, si l'on veut représenter l'équation

$$\psi(\gamma) = f(\alpha)\,\varphi(\beta),$$

on peut prendre comme isoplèthes

$$x = f(\alpha), \qquad y = \varphi(\beta)x, \qquad y = \psi(\gamma).$$

EXEMPLES.

1° *Abaque des heures de lever et de coucher du Soleil.* — Voici, à titre d'exemple, l'abaque dressé par M. Collignon (¹) pour les heures de lever et de coucher du Soleil.

(¹) *Nouv. Ann. de Math.*, 2e série, t. XVIII, p. 179; 1879. Nous ne donnons ici que la partie de l'abaque de M. Collignon qui intéresse, à titre d'exemple, le point actuel de notre exposé. Mais, en se reportant à l'endroit cité, le lecteur

λ étant la latitude du point considéré, D la déclinaison correspondant à l'époque, H l'angle horaire du coucher, en temps vrai, on a

$$-\cos H = \operatorname{tang}\lambda \operatorname{tang} D.$$

L'angle H transformé en fraction de temps fait connaître l'heure du coucher, en temps vrai. Le complément de cette heure à 12^h donne l'heure du lever.

Prenons donc, d'après ce qui vient d'être dit, pour isoplèthes les droites

$$x = \operatorname{tang}\lambda, \qquad \frac{y}{x} = \operatorname{tang} D, \qquad y = -\cos H.$$

Nous obtenons ainsi l'abaque de la *fig.* 8.

Fig. 8.

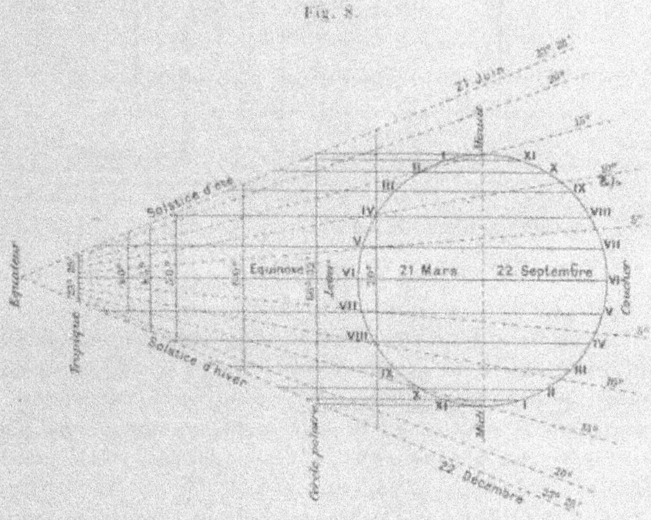

M. Collignon a fait, en outre, la remarque très ingénieuse qu'au lieu d'inscrire à côté des isoplèthes (H) leurs cotes en degrés, on

trouvera la partie complémentaire de l'abaque, permettant de corriger l'heure trouvée en la rapportant au *midi moyen*, au lieu du *midi vrai*. En outre, dans un second article (*Nouv. Ann.*, 3e série, t. I, p. 490; 1882), M. Collignon a fait voir comment on pourrait aussi tenir compte de la durée du crépuscule.

avait immédiatement les valeurs de celles-ci en fractions de temps au moyen du cercle horaire dessiné sur la figure. On peut de même, au lieu de coter les isoplèthes D par la valeur de la déclinaison, les coter au moyen de l'époque correspondante de l'année.

Il n'y a, dès lors, qu'à suivre l'horizontale passant par le point de rencontre de la verticale correspondant à la latitude et de la radiante correspondant à l'époque de l'année pour lire sur le cercle horaire les heures de lever et de coucher du Soleil.

2° *Abaque du poids de la vapeur d'eau contenue dans l'air.* — Soit à mettre en abaque la formule qui donne le poids en grammes de vapeur d'eau contenue dans un mètre cube d'air en fonction des indications de l'hygromètre à condensation [1]. Cette formule est

$$p = \frac{0,81}{760} \frac{f}{1 + 0,00366\,t} = \frac{kf}{a + bt},$$

f étant la tension de la vapeur d'eau, t la température.

On n'aura qu'à prendre comme équations (I_1) et (I_2)

$$x = kf \quad \text{(parallèles équidistantes à l'axe des } y\text{)},$$
$$y = a + bt \quad \text{(parallèles équidistantes à l'axe des } x\text{)}.$$

L'équation (I_3) sera dès lors

$$\frac{x}{y} = p \text{ (droite émanant de l'origine)}.$$

La construction de cet abaque ne présenterait donc aucune particularité, sans cette circonstance que f n'est pas donné directement. La donnée que fournit l'hygromètre est la température t' pour laquelle la tension f devient maximum. Supposons alors construite, sur l'abaque même, au moyen des tables de Regnault, la courbe qui donne kf en fonction de t', l'échelle des températures étant d'ailleurs confondue avec celle déjà construite pour t. Nous n'avons plus, pour avoir la parallèle à l'axe des y de cote f, qu'à prendre celle de ces parallèles qui passe par le point de la courbe dont l'ordonnée est t'.

---

(1) Nous avons eu à construire cet abaque, en 1886, pour la Direction de l'Artillerie du port de Rochefort, en vue de certaines observations à faire plusieurs fois par jour dans les poudrières.

On ne construira d'ailleurs du tableau que la partie (*Pl. I*) répondant à l'amplitude de variation pratique des quantités p, f, t.

L'emploi de l'abaque se réduit dès lors à ceci : on prend le point de la courbe correspondant à la température t'; puis le point de rencontre de la parallèle à Oy menée par ce point et de la parallèle à Ox répondant à la température t; la cote de la radiante passant par ce dernier point est le poids p cherché.

On peut se dispenser de tracer les parallèles à Oy, il suffit pour cela d'avoir un transparent sur lequel sont tracés deux axes rectangulaires. On n'a dès lors qu'à placer l'un de ces axes sur le bord inférieur AB de l'abaque de façon que le second passe par le point de la courbe des tensions répondant à la température t', et de suivre celui-ci jusqu'à l'horizontale de la température t. Il n'y a plus ensuite qu'à lire la cote de la radiante passant par le point ainsi obtenu.

Par exemple, pour $t = 30°$, $t' = 16°$, l'axe vertical du transparent occupant la position marquée en pointillé sur la *Pl. I*, on a $p = 13^{gr}$.

Abaque de l'équation trinôme du troisième degré.

15. Prenons encore l'équation

$$z^3 + pz + q = 0.$$

Ici, il est tout naturel de prendre comme équations (I_1) et (I_2)

$$x = p,$$
$$y = q.$$

Alors l'équation (I_3) est

$$z^3 + zx + y = 0,$$

qui représente des droites. On obtient ainsi l'abaque bien connu de M. Lalanne (*fig.* 9); remarquons toutefois qu'on peut se borner à ne construire que la moitié de celui-ci, en ne considérant que les valeurs positives de z. Cela revient à construire un abaque qui ne donne que les *racines positives* de l'équation trinôme cubique. On n'a, en pratique, généralement besoin que de celles-là. Si l'on veut avoir les racines négatives, on n'a qu'à les calculer comme racines positives de la transformée en $-x$, qui s'obtient par le simple changement de q en $-q$.

Nous venons de dire : *en pratique*. Les équations de ce type se rencontrent, en effet, dans certaines questions pratiques, notamment dans le calcul des grands barrages en maçonnerie par la belle

Fig. 9.

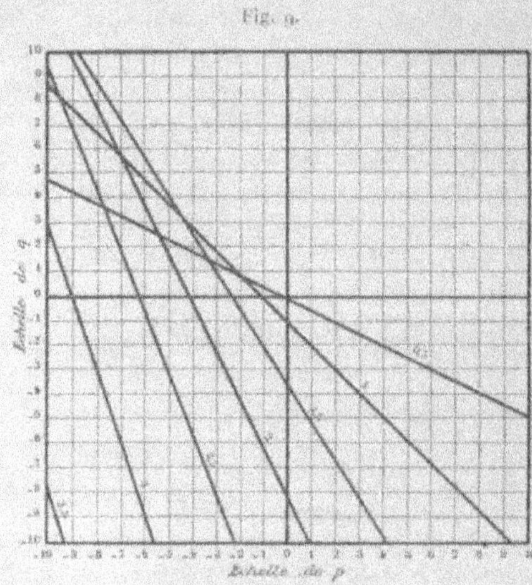

méthode de M. Delocre. Celle-ci va nous conduire à une remarque qui a son intérêt.

x étant la hauteur en mètres sur laquelle les parois du barrage peuvent être maintenues verticales à partir du couronnement,
a la largeur en mètres au couronnement,
λ le rapport de la pression limite admissible par mètre carré au poids d'un mètre cube de maçonnerie,
θ le rapport du poids d'un mètre cube d'eau à celui d'un mètre cube de maçonnerie,

la formule de M. Delocre est

$$x^3 + \frac{a^2}{\theta} x - \lambda \frac{a^2}{\theta} = 0,$$

lorsque

$$\frac{a^2}{\theta} > \frac{\lambda^2}{4} \text{ (1)}.$$

Prenons

$$\theta = \frac{1}{2}, \qquad a = 10, \qquad \lambda = 20,$$

auquel cas

$$\frac{a^2}{\theta} = 200, \qquad \frac{\lambda^2}{4} = 100,$$

ce qui montre que la formule est applicable. Celle-ci devient

$$x^3 - 200x - 4000 = 0.$$

La grandeur des coefficients fait qu'elle échappe à l'application de l'abaque où nous supposons, par exemple, les axes gradués de -10 à $+10$ (ce qui suffit pour la plupart des cas de la pratique). Mais, si nous posons $x = 10x_1$ (ce qui revient à exprimer la hauteur cherchée en décamètres), l'équation devient

$$x_1^3 - 2x_1 - 4 = 0.$$

Elle rentre alors dans les limites de l'abaque qui donne (à une échelle quintuple de celle de la *fig.* 9) $x_1 = 1,18$, et, par suite, $x = 11^m,80$. Si nous avons insisté sur ce point de détail, c'est qu'on a souvent occasion de recourir à des moyens analogues, c'est-à-dire à des changements d'unités pour les quantités soumises au calcul, de façon à ramener les nombres qui les expriment dans les limites de la graduation de l'abaque.

Abaque des murs de soutènement pour un massif de terre profilé suivant son talus naturel.

16. Voici maintenant un exemple inédit d'emploi des isoplèthes circulaires.

---

(1) Dans son Mémoire, ce savant ingénieur dit qu'on doit faire usage de l'une ou l'autre des formules

$$\left.\begin{aligned} x^3 - \frac{a^2}{\theta}x - \lambda\frac{a^2}{\theta} &= 0, \\ x^3 + \frac{4a^2}{\theta\lambda}x - \frac{3a^2}{\theta} &= 0, \end{aligned}\right\} \text{ suivant que } \left\{\begin{aligned} \frac{a^2}{\theta} &> x^2, \\ \frac{a^2}{\theta} &< x^2. \end{aligned}\right.$$

Nous avons démontré (*Annales des Ponts et Chaussées*, p. 443; mars 1891) que ces conditions pouvaient être remplacées par $\frac{a^2}{\theta} > \frac{\lambda^2}{4}$ et $\frac{a^2}{\theta} < \frac{\lambda^2}{4}$. [Nous rétablissons ici le sens des inégalités qui est fautif à l'endroit cité].

Supposons qu'un mur en maçonnerie à section rectangulaire soutienne un massif de terre profilé suivant son talus naturel. Le rapport K de la base à la hauteur de la section du mur est donné (voir *Résistance des matériaux*, de Collignon, 3e édition, p. 669) par

$$K = mk,$$

m étant le coefficient de stabilité qu'on prend généralement entre $\frac{3}{2}$ et 2, k une quantité déterminée par la formule

$$k^2 + kp \sin\varphi \cos\varphi - \frac{p}{3} \cos^2\varphi = 0,$$

où p est le rapport du poids du mètre cube de terre à celui du mètre cube de maçonnerie, φ l'angle du talus des terres avec l'horizon.

Cherchons à construire l'abaque de cette dernière équation.

La méthode ordinaire du n° 2 conduirait à une série d'hyperboles. En outre, l'équation, ne pouvant être ramenée au type (E''') (n° 4) des équations à triple réglure, ne saurait être représentée par trois systèmes d'isoplèthes rectilignes.

Nous allons faire voir qu'elle est représentable par deux systèmes d'isoplèthes rectilignes et un d'isoplèthes circulaires.

Posons, en effet,

$$y = p \sin\varphi \cos\varphi, \qquad x = p \cos^2\varphi$$

et éliminons successivement entre ces équations p et φ; il vient

$$(I_1) \qquad \frac{y}{x} = \operatorname{tang}\varphi$$

et

$$(I_2) \qquad x^2 + y^2 - px = 0.$$

Si nous prenons ces équations pour équations (I_1) et (I_2) (n° 1), l'équation (I_3), obtenue en portant dans l'équation proposée les valeurs de x et de y tirées de là, qui sont celles écrites ci-dessus, sera

$$(I_3) \qquad k^2 + ky - \frac{x}{3} = 0.$$

On voit que les isoplèthes (φ) et (k), fournies respectivement par les équations (I_1) et (I_3), sont des droites, les isoplèthes (p) fournies par l'équation (I_2), des cercles.

Toutes ces isoplèthes sont extrêmement simples à construire. Pour des valeurs particulières de φ, de p et de k : 1° l'isoplèthe (φ) est la droite issue de l'origine, qui fait avec l'axe des x l'angle φ; 2° l'isoplèthe (p) est le cercle de rayon p touchant l'axe des y à l'origine, dont le centre est, par suite, situé sur l'axe des x; 3° l'isoplèthe (k) est la droite coupant l'axe des y au point dont l'ordonnée est $-k$, et ayant un coefficient angulaire égal à $\frac{1}{3k}$.

L'abaque ainsi obtenu (*Pl. IV*) se construit très rapidement. On le limite à la portion correspondant aux limites de variation pratique des quantités p (de 0,4 à 1) et φ (de 20° à 50°) (¹). A titre d'exemple, pour $p = 0,65$, $\varphi = 45°$, on a $k = 0,24$.

Nous avons tracé les isoplèthes (φ) en pointillé, parce qu'on peut se dispenser de les tracer sur l'abaque. Si, en effet, on marque sur le cercle extérieur de l'abaque la graduation correspondant à φ, il suffit de tendre un fil entre l'origine et le point φ de cette graduation pour remplacer la droite non tracée. Cette manière de faire est même préférable au point de vue de la précision de l'interpolation.

(¹) La partie utile de l'abaque a été disposée dans le cadre de la *Pl. IV* de façon que l'isoplèthe $\varphi = 20°$ soit parallèle au bord inférieur de ce cadre. L'axe des x, qui passe d'ailleurs par le point de convergence des isoplèthes (φ), ferait donc un angle de 20° avec le bord inférieur du cadre, en dessous de ce bord.

CHAPITRE III.

ÉQUATIONS A TRIPLE RÉGLURE PARALLÈLE. ABAQUES HEXAGONAUX.

17. Les abaques à trois cours d'isoplèthes, droites ou courbes, présentent à l'œil un certain enchevêtrement qui peut, à la longue, un peu fatiguer la vue, au milieu duquel, en tout cas, l'interpolation à l'estime se fait moins aisément que pour une graduation simplement marquée sur un support droit ou courbe.

Il ne faut pas s'exagérer cet inconvénient. Il est bon toutefois de chercher à l'écarter chaque fois que faire se peut. Nous allons voir comment M. Lallemand y est arrivé lorsque l'équation est à triple réglure parallèle.

Échelles linéaires. Indicateur transparent.

18. Considérons les trois cours d'isoplèthes rectilignes et parallèles d'une telle équation (*fig.* 10). Coupons respectivement ces trois systèmes de parallèles par trois droites quelconques et inscrivons la cote de chaque isoplèthe à côté du point où elle rencontre la transversale correspondante. Nous obtenons ainsi ce qu'on appelle des *échelles linéaires*. Cela fait, effaçons les trois systèmes de parallèles en ne conservant que les échelles linéaires obtenues sur les trois transversales. Si nous supposons tracés sur un transparent trois axes parallèles respectivement aux directions des trois cours d'isoplèthes effacés, il suffira de déplacer ce transparent sur l'abaque en lui conservant toujours la même orientation pour qu'il puisse remplacer les isoplèthes, en permettant d'ailleurs d'opérer les interpolations avec une plus grande précision.

Les points des trois échelles qui se trouvent simultanément sous les trois axes du transparent sont dits *correspondants*.

M. Lallemand, à qui est dû cet artifice, a donné à un tel transparent le nom d'*indicateur*. Il suffit, pour assurer l'invariabilité

Fig. 10.

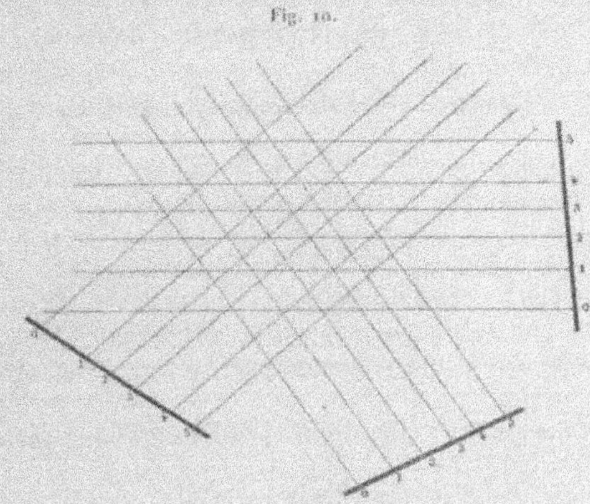

de son orientation, de conserver sur certaines parties de l'abaque des éléments de parallèles à une des directions d'isoplèthes, à des

Fig. 11.

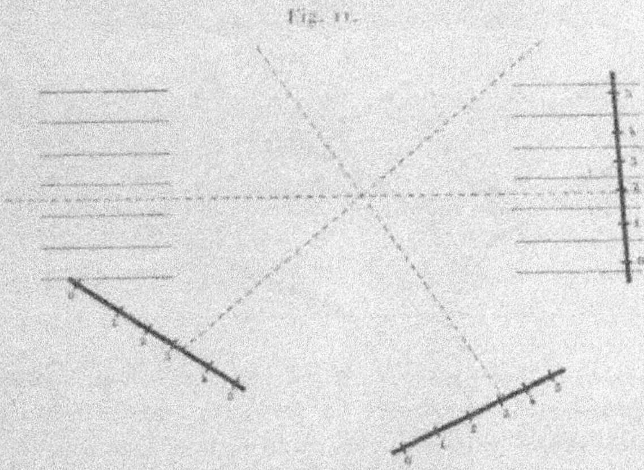

distances telles les unes des autres que l'œil apprécie sans hésitation le parallélisme rigoureux dans leur intervalle. Ce dispositif bien simple permet de maintenir intacte l'orientation d'un des axes de l'indicateur et, par suite, celle des deux autres. La *fig.* 11, où l'on a pointillé les axes de l'indicateur, pour une de ses positions, montre l'aspect général de l'abaque ainsi obtenu.

Déplacement et fractionnement des échelles.

19. M. Lallemand a fait remarquer qu'un tel abaque présente la précieuse propriété du fractionnement. Voici en quoi consiste celle-ci :

Observons d'abord que les échelles linéaires définies au numéro précédent peuvent être déplacées, en conservant leur direction, suivant le sens de l'axe correspondant de l'indicateur. Cette opération peut même n'être pratiquée que pour une de leurs parties seulement.

Ainsi, soient (*fig.* 12) AA'', BB'', CC'' les échelles données, les

Fig. 12.

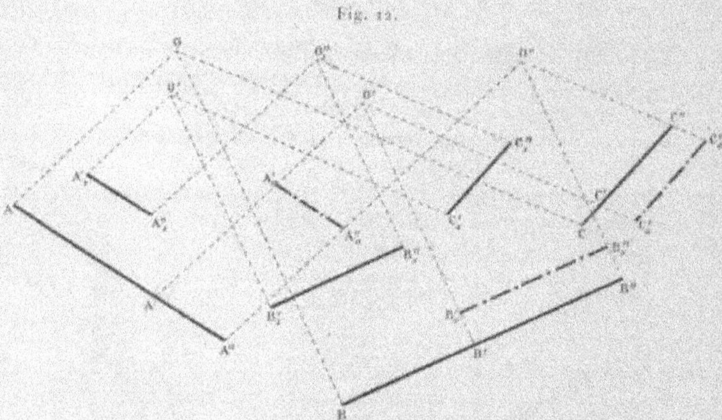

points A, B, C, d'une part, A'', B'', C'', de l'autre, étant des points correspondants. O et O'' sont les positions correspondantes du centre de l'indicateur.

Prenons trois points correspondants intermédiaires A', B', C', pour lesquels le centre de l'indicateur est en O'. Nous pouvons reporter les fragments d'échelles $A'A''$, $B'B''$, $C'C''$ en $A'_0A''_0$, $B'_0B''_0$,

$C'_0C''_0$, puis déplacer toute la figure $O'O''A'_0A''_0B'_0B''_0C'_0C''_0$ *en conservant son orientation* en $O'_1O''_1A'_1 \ldots C''_1$. Cette nouvelle figure, jointe à la partie restante des anciennes échelles, équivaut exactement à l'ancien abaque, tout en occupant une place beaucoup plus restreinte. De là l'utilité du fractionnement qui permet, répété autant de fois qu'il est nécessaire, de condenser l'abaque dans un espace aussi restreint qu'on veut.

Il suffit de réfléchir un instant pour s'apercevoir que ce procédé permet de faire tenir l'abaque de toute équation à triple réglure parallèle, à l'intérieur d'un triangle donné.

Il y a lieu de remarquer qu'on est libre, à chaque fractionnement, de prendre arbitrairement deux des nouvelles origines A'_1 et B'_1. La troisième, C'_1, doit alors se trouver sur le troisième axe de l'indicateur lorsque les deux premiers ont été amenés respectivement sur A'_1 et B'_1.

Forme des équations à triple réglure parallèle.

20. Voyons quelle est la forme générale des équations ainsi représentables, c'est-à-dire à triple réglure parallèle.

Chacun des cours d'isoplèthes étant engendré par une droite de direction constante, les équations (I_1), (I_2), (I_3) sont ici

$$y = mx + f_1(\alpha),$$
$$y = m'x + \varphi_1(\beta),$$
$$y = m''x + \psi_1(\gamma).$$

Éliminons x et y entre ces équations. Nous avons, pour l'équation en α, β, γ,

$$(m'' - m')f_1(\alpha) + (m - m'')\varphi_1(\beta) + (m' - m)\psi_1(\gamma) = 0;$$

c'est-à-dire, puisque m, m', m'' sont des constantes, que la forme cherchée peut s'écrire

$$\psi(\gamma) = f(\alpha) + \varphi(\beta).$$

Il est tout naturel, pour représenter une telle équation, de poser pour équations (I_1) et (I_2)

$$(I_1) \qquad x = f(\alpha),$$
$$(I_2) \qquad y = \varphi(\beta).$$

Il vient alors pour équation (I_3)

$$(I_3) \qquad x + y = \psi(\gamma).$$

Les isoplèthes (α) sont des parallèles à Oy, les isoplèthes (β) des parallèles à Ox, les isoplèthes (γ) des parallèles à la bissectrice de l'angle extérieur des axes Ox et Oy. Nous remplacerons chacun de ces cours d'isoplèthes par des échelles transversales, ainsi qu'il a été expliqué au n° **18**. Pour le premier (*fig.* 13), nous choisirons

Fig. 13.

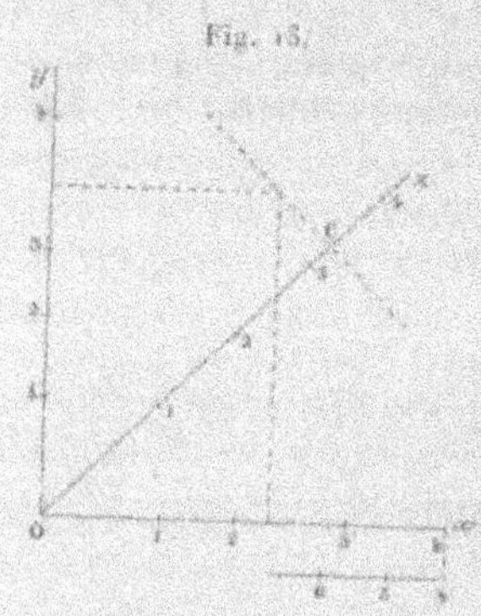

naturellement l'axe des x dont la graduation, d'après l'équation (I_1), s'obtiendra en inscrivant les cotes 0, 1, 2, ... à l'extrémité des abscisses $f(0)$, $f(1)$, $f(2)$. Pour le deuxième, ce sera l'axe des y portant les graduations 0, 1, 2, ... aux extrémités des ordonnées $\varphi(0)$, $\varphi(1)$, $\varphi(2)$, ... Pour le troisième, nous prendrons comme support de l'échelle la bissectrice Oz de l'angle intérieur des axes xOy. Voyons comment s'effectuera la graduation de cette échelle. Si l'isoplèthe (γ) la coupe au point C, les coordonnées de celui-ci étant $x = y = \frac{OC}{\sqrt{2}}$, l'équation (I_3) donne

$$OC\sqrt{2} = \psi(\gamma)$$

ou

$$OC = \frac{\psi(\gamma)}{\sqrt{2}}.$$

La graduation de l'échelle Oz est ainsi définie.

Nous pourrons d'ailleurs user de la faculté que nous avons de fractionner et de déplacer les échelles, ainsi qu'il a été dit au n° **19**.

En particulier, si une des fonctions $f(\alpha)$, $\varphi(\beta)$, $\psi(\gamma)$ croît jusqu'à une certaine valeur de la variable pour décroître ensuite, afin d'éviter que l'échelle ne revienne sur elle-même à partir du point de celle-ci correspondant au maximum, on reportera l'échelle sur un support parallèle au premier. Ainsi, sur la *fig.* 13, on a supposé que la fonction $f(\alpha)$, croissante jusqu'à $\alpha = 4$, décroissait à partir de là.

On pourra aussi prendre sur Ox et Oy, pour les échelles de α et de β, des origines autres que O. Il suffira, d'après ce qui a été vu au n° 19, dernier alinéa, que l'origine sur Oz soit telle que les trois origines soient des points correspondants, c'est-à-dire des points sur lesquels se placent respectivement et simultanément les trois axes de l'indicateur.

Principe des abaques hexagonaux.

21. M. Lallemand, afin d'avoir sur Oz les valeurs de $\psi(\gamma)$ à la même échelle que celles de $f(\alpha)$ et de $\varphi(\beta)$ sur Ox et Oy, a eu la très heureuse idée de prendre les axes Ox, Oy faisant entre eux un angle de 120°. En effet, les axes Ox et Oy continuant à être

Fig. 14.

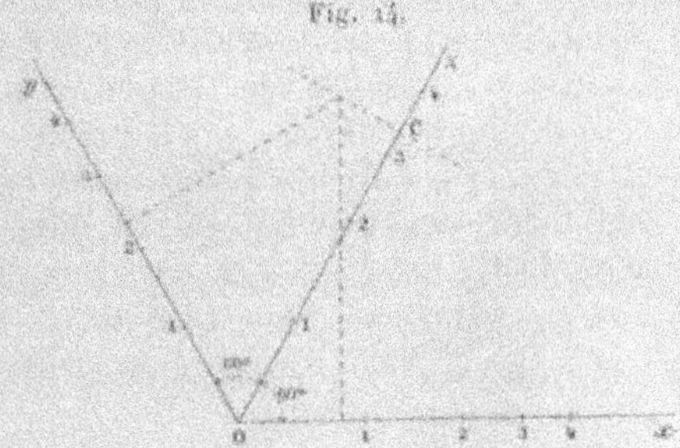

gradués en segments proportionnels aux valeurs de $f(\alpha)$ et de $\varphi(\beta)$, cherchons quelle sera la graduation de Oz. Les équations (I_1), (I_2) et (I_3) sont les mêmes qu'au numéro précédent, les coordonnées étant ici les distances à l'origine O des pieds des perpendiculaires abaissées du point considéré sur les axes Ox et Oy. L'isoplèthe (γ), ayant pour équation

$$x + y = \psi(\gamma),$$

si elle coupe Oz au point C (*fig.* 14), les coordonnées de ce point étant $x = y = \frac{OC}{2}$, on a

$$2\frac{OC}{2} = OC = \psi(\gamma).$$

L'axe Oz se trouve donc gradué en segments proportionnels aux valeurs de $\psi(\gamma)$, l'échelle étant la même que pour les axes Ox et Oy.

On voit que la propriété précédente peut s'énoncer ainsi : *La projection d'un segment de droite sur la bissectrice d'un angle de* 120° *est égale à la somme des projections de ce segment sur les côtés de cet angle.*

C'est en réalité cette propriété, d'ailleurs bien facile à démontrer directement, puisqu'elle résulte de l'identité trigonométrique

$$\cos(\omega + 60°) + \cos(60° - \omega) = 2\cos 60° \cos\omega = \cos\omega,$$

que M. Lallemand a prise comme point de départ de la théorie de ses abaques.

Il nous a paru préférable, au point de vue d'un exposé d'ensemble, d'adopter la marche précédente, qui a l'avantage de rattacher les abaques du système Lallemand au principe fondamental que nous avons pris comme point de départ et d'où l'on peut considérer que découle la théorie de tous les abaques, sans distinction de genre.

Ici encore nous ferons observer, comme au numéro précédent, que, par application de ce qui a été dit au n° 19, on peut déplacer et fractionner les échelles de façon à donner à l'abaque la disposition la plus avantageuse. C'est même pour ce cas spécial que M. Lallemand a imaginé cet artifice, auquel notre exposé du n° 19 a donné un peu plus de généralité.

Les abaques ainsi construits ont reçu le nom d'*abaques hexagonaux*, en raison de ce que les échelles d'une part, les axes de l'indicateur de l'autre, sont parallèles aux diagonales d'un hexagone régulier.

22. Il est à peine besoin d'ajouter que, si l'équation proposée a la forme

$$\psi(\gamma) = f(\alpha)\varphi(\beta),$$

on l'amène à la forme requise pour l'application du procédé en prenant les logarithmes des deux membres, ce qui donne

$$\log \psi(\gamma) = \log f(\alpha) + \log \varphi(\beta).$$

Abaque hexagonal de multiplication et de division.

23. Comme exemple d'application [1], voici, dans le système de M. Lallemand, l'abaque de multiplication et de division (*fig.* 15)

Fig. 15.

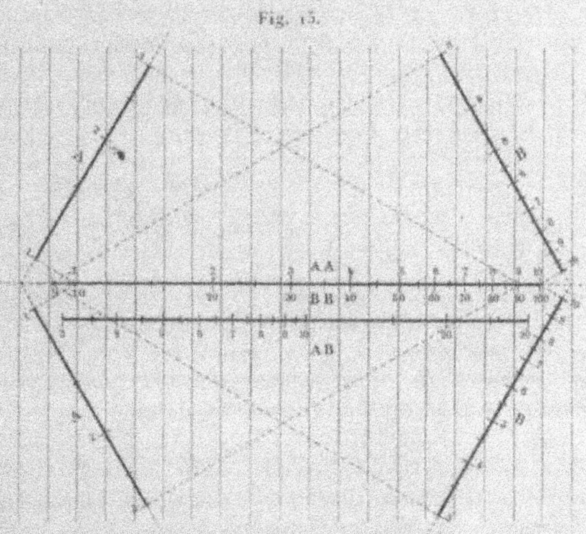

équivalent à l'abaque Lalanne du n° **12**, c'est-à-dire traduisant l'équation

$$\log \gamma = \log \alpha + \log \beta.$$

[1] Les abaques construits par M. Lallemand, dans son système, sont fort nombreux et s'appliquent à des formules d'un usage journalier intéressant principalement le Service du Nivellement général de la France. Ne pouvant, dans le présent exposé de principes, multiplier outre mesure les exemples, nous ne mentionnons qu'un nombre restreint de ces abaques. Le lecteur en trouvera d'autres dans les Ouvrages suivants :

LALLEMAND, *Nivellement de haute précision* (*Encycl. des Trav. publics*).

LALLEMAND, Annexe II à la *Notice sur le Nivellement général de la France*

Les échelles α et β ont été fractionnées au point coté 3. Les portions conservées de ces échelles étant désignées par la lettre A, leurs prolongements ont été transportés dans les positions désignées par la lettre B, l'échelle B supérieure prolongeant l'échelle A inférieure, et inversement.

Le point de l'échelle γ correspondant au point de fractionnement des deux premières échelles, c'est-à-dire le point 9, se trouve ramené dans la position qu'il occupe sur l'échelle BB.

Il suffit de choisir celle-ci *a priori*, de façon que le point 10 de l'échelle BB coïncide avec le point 1 de l'échelle AA pour que ces deux échelles coïncident dans toute leur étendue, les cotes de la première se déduisant de celles de la seconde au moyen d'une simple multiplication par 10, c'est-à-dire par la seule adjonction d'un zéro. Cela résulte de ce que

$$\log(10 \times a) = \log 10 + \log a.$$

On peut aussi tracer l'échelle AB pour le cas où l'on accouplerait un point d'une des échelles A avec un point d'une des échelles B.

Échelles centrales additionnelles.

24. Supposons qu'une quantité γ soit donnée en fonction de deux autres, α et β, par une équation de la forme

$$\gamma = f(\alpha)\varphi(\beta) + F(\alpha, \beta)$$

le terme $F(\alpha, \beta)$ ne devant d'ailleurs figurer dans le second membre que lorsque α et β sont compris entre certaines limites, et étant dit, pour cette raison, *terme complémentaire*.

Décomposons alors la valeur de γ en deux parties, γ' et γ'', telles que

$$\gamma' = f(\alpha)\varphi(\beta), \qquad \gamma'' = F(\alpha, \beta).$$

(*Notices* publiées par le Ministère des Travaux publics, à l'occasion de l'Exposition universelle de 1889. Volume : *Mines, Documents divers*, p. 308).

COLLET, *Traité théorique et pratique de la régulation et de la compensation des compas*. Paris, Challamel.

Ajoutons que, pour la construction de ces abaques, M. Lallemand a été très habilement secondé par les dessinateurs de son service, notamment par MM. Prévot et Renard.

Nous pourrons construire séparément les abaques de ces deux équations. Il nous suffira, dès lors, les valeurs de γ' et de γ'' nous étant fournies par ceux-ci, de faire la somme des résultats ainsi obtenus.

La première de ces équations, qu'on peut écrire

$$\log \gamma' = \log f(\alpha) + \log \varphi(\beta),$$

étant à triple réglure parallèle, donnera lieu à un abaque hexagonal, c'est-à-dire (les axes étant inclinés à 120° l'un sur l'autre, et les coordonnées étant supposées être les distances à l'origine des pieds des perpendiculaires abaissées des points du plan sur les axes) qu'on prendra, pour la représenter, comme isoplèthes (I_1) et (I_2),

$$x = \log f(\alpha) \qquad \text{et} \qquad y = \log \varphi(\beta).$$

Conservons les mêmes droites qui, d'ailleurs, n'ont pas besoin d'être construites, grâce à l'artifice de l'indicateur transparent (n° 18), comme isoplèthes (I_1) et (I_2) de la seconde équation. Les troisièmes isoplèthes (γ'') seront généralement, dans ce cas, non plus des droites parallèles comme pour γ', mais des courbes dont l'équation, en supposant que f_1 et φ_1 soient les fonctions inverses des fonctions f et φ, peut s'écrire

$$\gamma'' = F[f_1(10^x), \varphi_1(10^y)].$$

Supposons ces isoplèthes construites dans la région E correspondant aux valeurs comprises entre les limites pour lesquelles γ'' doit s'ajouter à γ', et superposons cet abaque à celui de γ', en faisant coïncider, d'une part, les échelles (α), de l'autre les échelles (β) de ces abaques, qui sont les mêmes par hypothèse. Sur l'abaque double ainsi obtenu (*fig.* 16), les valeurs de γ' sont données par la troisième échelle de l'abaque hexagonal primitivement construit, celles de γ'' par les cotes des isoplèthes tracées en second lieu.

Les deux premiers axes de l'indicateur transparent passant dès lors par les points (α) et (β) des deux premières échelles, le troisième passe par le point (γ') de la troisième. Si, en outre, le centre de l'indicateur tombe dans la région E ci-dessus définie, la cote de l'isoplèthe sur laquelle il se trouve fait connaître γ''. On n'a plus qu'à effectuer la somme $\gamma' + \gamma''$.

Ainsi, dans l'exemple représenté en pointillé sur la *fig.* 16, pour

$$\alpha = 4, \qquad \beta = 1,$$

on a

$$\gamma' = 4,6, \qquad \gamma'' = 2,$$

et par suite

$$\gamma = 6,6.$$

L'aire E, avec ses isoplèthes, a reçu de M. Lallemand, à qui est

Fig. 16.

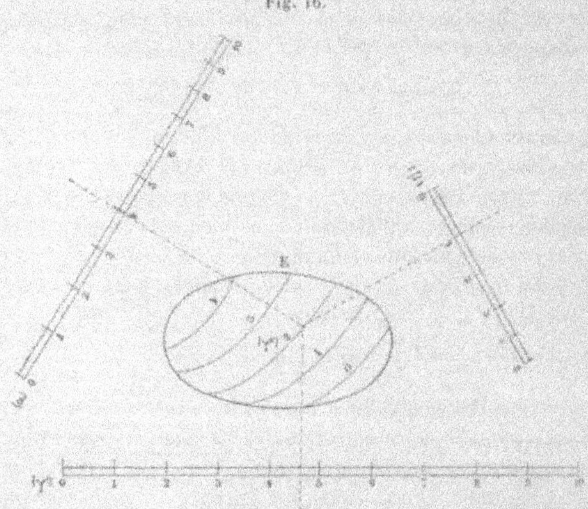

dû cet artifice, le nom d'*échelle centrale additionnelle*, nom qui se justifie par ce fait que la lecture se fait sur cette échelle au moyen du centre de l'indicateur.

Ainsi, d'une part, on est averti des cas où il y a lieu de tenir compte du terme complémentaire, par cela seul que le centre de l'indicateur tombe à l'intérieur de l'échelle centrale E, et la valeur même de ce terme complémentaire est fournie par la cote de l'isoplèthe sur laquelle se trouve le centre.

Abaques de remblai et de déblai.

23. A titre d'application de ce qui précède, nous ferons connaître les abaques construits par M. Lallemand pour le calcul des profils de remblai et de déblai.

1° *Remblai.* — On dit qu'un demi-profil est en remblai lorsque

Fig. 17.

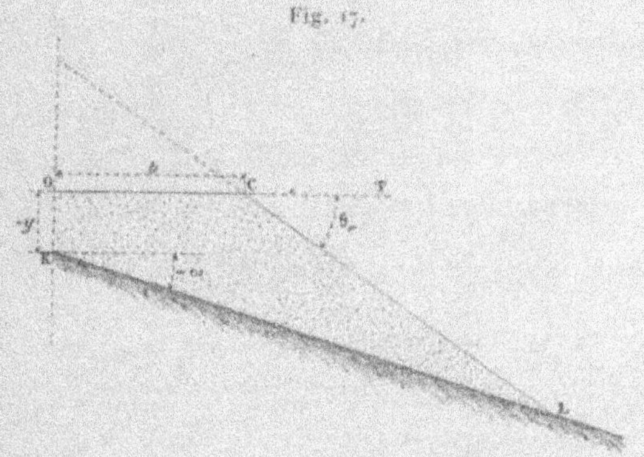

l'arête extérieure de ce demi-profil est en remblai (*fig.* 17 et 18).

Si nous désignons par

x la déclivité transversale (tangente trigonométrique de l'angle ω d'inclinaison sur l'horizon) du terrain naturel, prise avec le signe + quand le terrain s'élève en rampe à partir de l'axe dans le demi-profil considéré (*fig.* 20 et 21), et avec le signe — quand il est en pente [1] (*fig.* 17 et 18);

y la cote sur l'axe OK prise avec le signe + quand elle est en déblai, avec le signe — quand elle est en remblai [2];

b la demi-largeur OC de la plate-forme;

(1) Cette convention revient à prendre toujours comme sens positif celui de l'axe vers l'arête extérieure du demi-profil considéré, soit celui de gauche à droite pour les demi-profils à droite de l'axe, celui de droite à gauche pour les demi-profils à gauche.

(2) Cette convention revient à prendre toujours l'origine des cotes au niveau de la plate-forme.

l et h la largeur et la profondeur du fossé dans les parties en déblai ;

t_r le talus des remblais (tangente trigonométrique de l'inclinaison θ_r de la ligne de plus grande pente sur l'horizon) ;

t_d le talus des déblais (tangente de θ_d) ;

la formule qui donne l'aire R du remblai est

$$R + \frac{b^2 t_r}{2} = \frac{(bt_r - y)^2}{2(t_r + x)}. \tag{2}$$

Cette formule est applicable :

lorsque $x > 0$, pour $y < -h - \left(b + l - \frac{h}{t_d}\right)x$,
lorsque $x < 0$, pour $y < -bx$.

Dans cette dernière hypothèse, si $y > 0$, on est dans un cas

Fig. 18.

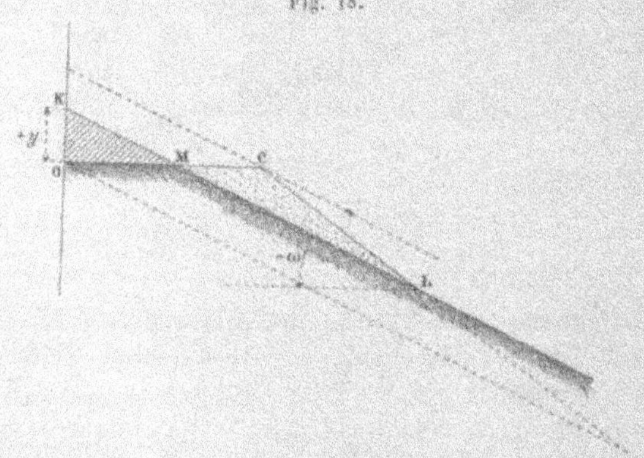

mixte (*fig.* 18) ; il y a lieu d'ajouter le terme complémentaire $\frac{y^2}{2x}$ au second membre de l'équation (2), qui devient alors

$$R + \frac{b^2 t_r}{2} = \frac{(bt_r - y)^2}{2(t_r + x)} + \frac{y^2}{2x}. \tag{2'}$$

La quantité $\frac{y^2}{2x}$ fait d'ailleurs connaître l'aire de la partie OKM en déblai.

Cette dernière formule est du type indiqué au n° **24**. Nous la représenterons donc au moyen d'un abaque hexagonal à échelle centrale additionnelle. Posant, conformément à ce qui a été dit au numéro précédent, $R = R' + R''$, nous construirons d'abord l'abaque hexagonal de l'équation

$$\log\left(R' - \frac{b^2 t_r}{2}\right) = 2\log(bt_r - y) - \log 2(t_r + x).$$

Les isoplèthes (I_1) et (I_2) de cette équation seront

$$(I_1) \qquad X = -\log 2(t_r + x),$$
$$(I_2) \qquad Y = 2\log(bt_r - y).$$

Voyons à quelles lignes sera limitée la partie utile de cet abaque. Pour cela, cherchons sur quelles lignes ont lieu les conditions limites écrites plus haut.

D'abord, pour $x < 0$, c'est-à-dire pour x compris entre 0 et la plus petite valeur $-x_m$ que puisse atteindre la pente du terrain naturel, c'est-à-dire pour une position de l'isoplèthe (I_1) située entre les perpendiculaires à l'échelle des x menées par les points $x = 0$ et $x = -x_m$, la condition limite est

$$y = -bx.$$

Éliminant x et y entre cette équation et les équations (I_1) et (I_2), on a, pour le lieu le long duquel est remplie la condition limite, l'équation

$$bt_r - 10^{\frac{Y}{2}} = -b\left(\frac{10^{-X}}{2} - t_r\right),$$

ou

$$10^{\frac{Y}{2}} = \frac{b}{2}10^{-X},$$

ou encore

$$\frac{Y}{2} = -X + \log\frac{b}{2},$$

équation d'une droite parallèle à l'axe des y [1].

En outre, cette droite passe par le point correspondant à $x = 0$.

---

[1] Il faut se rappeler, les axes OX et OY faisant d'ailleurs entre eux un angle de 120°, que les coordonnées X et Y sont ici les distances de l'origine aux pieds des perpendiculaires abaissées du point donné sur les axes. Dès lors, X_1 et Y_1

$y = 0$, car, pour ce point, on a, d'après (I_1) et (I_2),

$$X = -\log 2 t_c, \qquad Y = 2 \log b t_c,$$

valeurs qui satisfont, comme on le vérifie immédiatement, à l'équation précédente.

Ainsi donc, pour les valeurs de x comprises entre 0 et $-x_m$, l'abaque est limité à la droite OS (*fig.* 19).

Fig. 19.

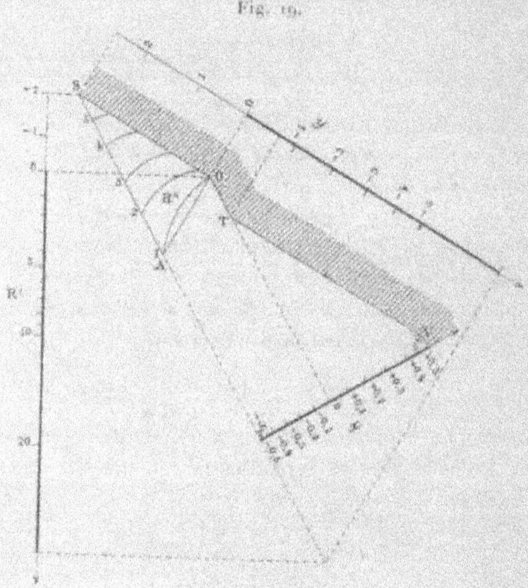

Maintenant pour $x > 0$, c'est-à-dire pour une position de l'isoplèthe (I_1) située entre les perpendiculaires à l'échelle des x

---

étant les coordonnées ordinaires rapportées aux axes OX et OY ci-dessus défini, on voit facilement que

$$X_1 = \frac{2X + Y}{3}, \qquad Y_1 = \frac{2Y + X}{3}.$$

Dès lors l'équation ci-dessus devient, en coordonnées ordinaires,

$$3X_1 = 2 \log \frac{b}{2},$$

qui définit bien une parallèle à l'axe des Y_1.

Transparent à détacher
POUR L'EMPLOI DES ABAQUES HEXAGONAUX
(Pl. II, III, V, VI, VII)

menées par les points $x = 0$ et $x = x_m$, la condition limite est

$$y = -h - \left(b + l - \frac{h}{t_d}\right)x.$$

Pour avoir le lieu correspondant, éliminons x et y entre cette équation et les équations (I_1) et (I_2). Il vient

$$bt_r - 10^{\frac{Y}{2}} = -h - \left(b + l - \frac{h}{t_d}\right)\left(\frac{10^{-X}}{2} - t_r\right),$$

ou

$$10^{\frac{Y}{2}} = \frac{10^{-X}}{2}\left(b + l - \frac{h}{t_d}\right) + h - lt_r + \frac{ht_r}{t_d}.$$

Cette équation représentera une droite lorsqu'on aura

$$h - lt_r + \frac{ht_r}{t_d} = 0,$$

ou

$$\frac{l}{h} = \frac{1}{t_r} + \frac{1}{t_d}.$$

Son équation sera alors

$$\frac{Y}{2} = -X + \log\frac{1}{2}\left(b + l - \frac{h}{t_d}\right).$$

C'est encore l'équation d'une parallèle TV à l'axe des y, le segment OT appartenant à la perpendiculaire à l'axe des x, correspondant à la valeur $x = 0$.

Dans le cas général, la condition ci-dessus n'étant pas remplie, la limite de l'abaque est courbe pour cette partie; mais, *en pratique*, fait très digne de remarque, cette courbe, dans sa portion utile, se confond très sensiblement avec la droite TV.

Passons au terme complémentaire

$$R' = \frac{y^2}{2x}.$$

Nous avons dit qu'il s'ajoute à R', lorsque, x étant négatif, y est positif, c'est-à-dire lorsque le point de rencontre des isoplèthes (x) et (y) (centre de l'indicateur transparent) tombe dans le triangle OAS, OA étant la perpendiculaire élevée à l'axe des y par le point $y = 0$.

Construisons donc, dans cette partie du plan, le troisième système d'isoplèthes de l'équation ci-dessus, en conservant pour les deux premiers (x) et (y), ceux que définissent les équations (I_1) et (I_2) ci-dessus, ainsi qu'il a été dit au n° **24**.

Ces courbes sont très aisées à construire, une fois les axes des X et des Y gradués au moyen des équations (I_1) et (I_2). Donnant, en effet, à R″ une valeur fixe dans l'équation précédente, on n'a qu'à calculer, au moyen de celle-ci, la valeur de y correspondant à chaque valeur de x, à marquer sur le plan le point ainsi défini et à joindre ensuite ces divers points par une courbe qui aura pour cote la valeur choisie pour R″. L'équation de cette courbe sera

$$R'' = \frac{\left(bt_r - 10^{\frac{Y}{2}}\right)^2}{10^{-X} - 2t_r}.$$

En résumé, l'abaque étant ainsi construit (*Pl. II*), on s'en servira de la manière suivante :

Deux des axes de l'indicateur passant respectivement par les points (x) et (y) des échelles correspondantes, le troisième axe donne sur la troisième échelle la valeur de R′. Si le centre de l'indicateur est extérieur à l'échelle centrale, on a R = R′. S'il tombe à l'intérieur de cette échelle, la cote de l'isoplèthe sur laquelle il se trouve fait connaître R″, et l'on a R = R′ + R″. Dans ce dernier cas, il y a déblai sur l'axe et l'aire du déblai est précisément R″.

Si le centre de l'abaque tombe en dehors de la ligne VTOS, c'est-à-dire dans la région dont le bord est marqué par des hachures, l'abaque ne s'applique plus ; on est dans le cas de la formule des déblais. Nous allons indiquer maintenant l'abaque de celle-ci.

2° *Déblai.* — Les notations étant les mêmes que précédemment, la formule est ici

$$(\delta) \qquad D = \left(l - \frac{h}{t_d}\right)h - \frac{(b+l)^2 t_d}{2} = \frac{[(b+l)t_d + y]^2}{2(t_d - x)}.$$

Cette formule est applicable :

lorsque $x < 0$, pour $y > -bx$,

lorsque $x > 0$, pour $y > -h - \left(b + l - \frac{h}{t_d}\right)x$.

Dans cette dernière hypothèse, si $y \leqq 0$, on est dans un cas mixte (*fig.* 21); il y a lieu d'ajouter le terme $\frac{y^2}{2x}$ au second membre de l'équation (ϑ), qui devient alors

$$(\vartheta') \qquad D - \left(l - \frac{h}{t_d}\right)h - \frac{(b+l)^2 t_d}{2} = \frac{[(b+l)t_d + y]^2}{2(t_d - x)} + \frac{y^2}{2x}.$$

La quantité $\frac{y^2}{2x}$ fait d'ailleurs connaître l'aire de la partie OKM en remblai.

Fig. 20.

Fig. 21.

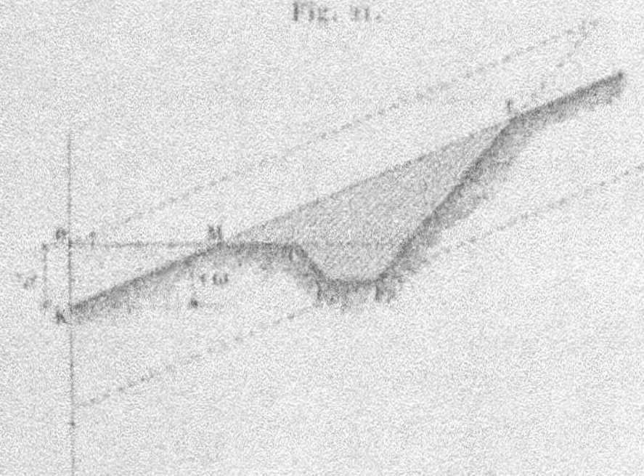

L'équation (ϑ'), comme (ζ'), est représentable au moyen d'un abaque hexagonal à échelle centrale additionnelle, l'abaque hexagonal étant construit pour l'équation

$$\log\left[D' - \left(l - \frac{h}{t_d}\right)h - \frac{(b+l)^2 t_d}{2}\right] = 2\log[(b+l)t_d + y] - \log 2(t_d - x),$$

et l'échelle centrale pour l'équation

$$D'' = \frac{y^2}{2x}.$$

Les isoplèthes (I_1) et (I_2) seront d'ailleurs, pour l'une comme pour l'autre de ces équations

$$(I_1) \qquad X = -\log 2(t_d - x),$$
$$(I_2) \qquad Y = 2\log[(b+l)t_d + y].$$

Les explications de détail étant, pour le fond, les mêmes dans ce cas que dans le précédent, nous y glisserons plus rapidement.

Pour $x < 0$, l'abaque est limité à la ligne pour laquelle

$$y = -bx,$$

ligne dont l'équation s'obtient en éliminant x et y entre cette dernière et les équations (I_1) et (I_2) ci-dessus. Il vient ainsi

$$10^{\frac{Y}{2}} - lt_d = b\,\frac{10^{-X}}{2}.$$

Cette courbe, dans sa portion utile, diffère insensiblement en pratique d'une droite parallèle à l'axe des y. Elle passe d'ailleurs par le point correspondant à $x = 0$, $y = 0$, car pour ce point

$$X = -\log 2t_d, \qquad Y = 2\log(b+l)t_d.$$

Quant à la partie de l'abaque correspondant à $x > 0$, elle est limitée à la ligne pour laquelle

$$y = -h - \left(b + l - \frac{h}{t_d}\right)x,$$

dont l'équation est

$$10^{\frac{Y}{2}} - (b+l)t_d = -h - \left(b + l - \frac{h}{t_d}\right)\left(t_d - \frac{10^{-X}}{2}\right)$$

ou

$$10^{\frac{Y}{2}} = \left(b + l - \frac{h}{t_d}\right)\frac{10^{-X}}{2},$$

ou encore

$$\frac{Y}{2} = -X + \log\frac{1}{2}\left(b + l - \frac{h}{t_d}\right).$$

C'est une droite parallèle à l'axe des y. Quant à l'échelle centrale qui correspond, pour $x > 0$, aux valeurs de $y > 0$, elle est comprise entre la droite qui vient d'être tracée et l'isoplèthe $y = 0$.

Les isoplèthes (D'') tracées sur cette échelle centrale, obtenues comme les isoplèthes (R'') du cas précédent, ont pour équation

$$D'' = \frac{\left[10^{\frac{y}{2}} - (b+l)t_d\right]^2}{2t_d - 10^{-x}}.$$

L'emploi de l'abaque (*Pl. III*) ne diffère pas de celui du cas précédent.

Deux des axes de l'indicateur passant respectivement par les points (x) et (y) des échelles correspondantes, le troisième axe donne sur la troisième échelle la valeur de D'. Si le centre de l'indicateur est extérieur à l'échelle centrale, on a $D = D'$. S'il tombe à l'intérieur de cette échelle, la cote de l'isoplèthe sur laquelle il se trouve fait connaître D'', et on a $D = D' + D''$. Dans ce dernier cas, il y a remblai sur l'axe, et l'aire du remblai est précisément D''.

Si le centre de l'abaque tombe en dehors des limites ci-dessus définies, c'est-à-dire dans la région dont le bord est marqué par des hachures, l'abaque ne s'applique plus : on est dans le cas de la formule des remblais.

Ainsi donc, x et y étant donnés pour un certain demi-profil, on n'a pas à s'inquiéter de savoir si l'on est en déblai ou en remblai, dans un cas normal ou dans un cas mixte.

Avec ces valeurs de x et de y on entre dans l'un ou l'autre des deux abaques, dans celui des remblais, par exemple. Si le centre de l'indicateur tombe dans la partie utile de cet abaque, c'est qu'on est bien en remblai; sinon (c'est-à-dire s'il tombe dans la région marquée par les hachures) c'est qu'on est en déblai, et on se transporte dans l'autre abaque. Quant aux cas mixtes, on en est averti par le fait que le centre de l'indicateur tombe à l'intérieur de l'échelle centrale.

Les abaques des *Pl. II* et *III* montrent l'application des règles précédentes à un projet de route établi avec les éléments ci-après :

$$b = 5^m, \quad l = 1^m,50, \quad h = 0^m,50, \quad t_d = 1, \quad t_r = \frac{2}{3}.$$

En outre, x est supposé varier de $-0,5$ à $+0,5$ et y de -20^m (cote sur l'axe en remblai) à $+20^m$ (cote sur l'axe en déblai).

L'échelle y de l'abaque des remblais (*Pl. II*) a été fractionnée (n° 19) au point $y = -4$. Il s'en est suivi pour R' une seconde échelle correspondante. On a souligné la graduation des deux échelles supplémentaires pour distinguer celles-ci des échelles primitives.

En outre, afin de rendre impossible toute erreur relative au signe de x et de y, on a, pour x, distingué l'échelle des pentes de celle des rampes; pour y, celle des cotes en remblai sur l'axe de celle des cotes en déblai.

Exemple d'application (indiqué en pointillé sur la *Pl. II*) :

Le terrain naturel a une pente de 0,4. La cote sur l'axe est de 0,90 en déblai.

L'abaque de remblai donne

$$R' = 3,7, \qquad R'' = 1.$$

Il y a donc 1^{mq} de déblai sur l'axe et $3^{mq},7$ de remblai.

CHAPITRE IV.

ÉQUATIONS A TRIPLE RÉGLURE QUELCONQUE. ABAQUES A POINTS ISOPLÈTHES.

26. L'artifice des abaques hexagonaux n'est applicable qu'aux équations à triple réglure *parallèle*. Les applications en sont, il est vrai, extrêmement nombreuses; il n'y en a pas moins un intérêt sérieux à indiquer le principe suivant qui, dérivant d'ailleurs d'un tout autre ordre d'idées, permet de remplacer les systèmes d'isoplèthes par de simples échelles (remplacement dont les avantages ont été signalés au n° 17), non seulement pour les équations à triple réglure parallèle, mais pour celles à triple réglure quelconque.

Disons tout de suite que, bien que ce nouveau principe soit plus général, celui de M. Lallemand devra ordinairement lui être préféré dans le cas de la triple réglure parallèle, à cause de la possibilité si précieuse du fractionnement des abaques qui n'existe qu'avec ce dernier.

C'est assez d'ailleurs, pour affirmer l'utilité de la méthode des points isoplèthes, du champ des équations à triple réglure quelconque.

Principe de la méthode des points isoplèthes (¹).

27. Reportons-nous donc au n° 4. Nous avons vu là que, lorsque l'équation revêt la forme (E^{III}), dont (E^{II}) et (E^{IV}) ne sont que des cas particuliers, cette équation est représentable par trois cours

(¹) C'est en 1884 que nous avons publié, pour la première fois, à propos d'un exemple particulier, le principe de la méthode des points isoplèthes (*Annales des Ponts et Chaussées*, 2ᵉ sem., p. 531). Nous l'avons depuis énoncé dans toute sa généralité (*Genie civil*, t. XVII, p. 343).

d'isoplèthes rectilignes. Trois de ces isoplèthes, prises l'une dans chaque système, se correspondent lorsqu'elles se coupent en un même point.

Construisons alors une figure *corrélative* de la précédente : à chaque droite de celle-ci correspondra un point de la nouvelle, et *réciproquement ;* par suite, à trois droites de la première passant en un même point, correspondront trois points de la nouvelle, alignés sur une même droite.

Ainsi, sur le nouvel abaque, les isoplèthes au lieu d'être des droites tangentes à trois certaines courbes seront des points distribués sur trois autres courbes, et, à un système de valeurs de α, β, γ satisfaisant à l'équation donnée, correspondront trois points pris respectivement sur ces courbes et alignés sur une même droite.

Afin de rendre cette idée de principe véritablement pratique, nous avons dû rechercher un mode de corrélation aussi simple que possible. Nous allons indiquer celui auquel nous nous sommes arrêté. Auparavant, nous rappellerons en quelques mots la définition des *coordonnées parallèles de droites.*

Définition des coordonnées parallèles de droites.

28. Au et Bv étant deux axes parallèles quelconques, portant chacun une origine A et B (*fig.* 22), si une droite coupe respec-

Fig. 22.

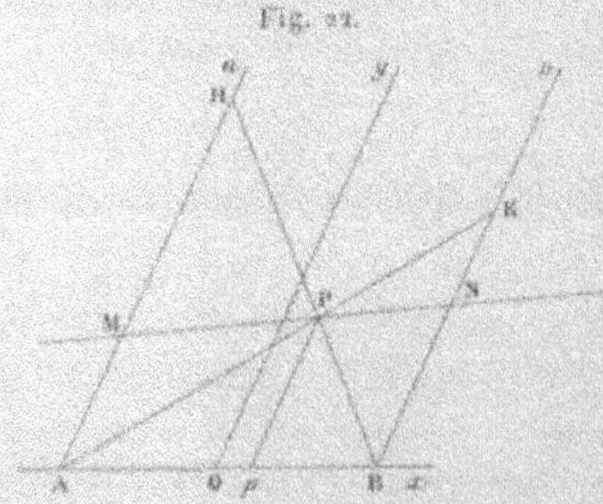

tivement ces axes aux points M et N, les segments $AM = u$ et

$BN = v$, pris avec leurs signes, sont dits les coordonnées parallèles de la droite MN [1].

Si l'on donne entre u et v une certaine relation, la droite MN enveloppe une certaine courbe dont cette relation est dite l'équation. Si cette équation est du premier degré

$$au + bv + c = 0,$$

la droite MN pivote autour d'un point P dont les coordonnées Op et pP rapportées aux axes Ox et Oy sont, en prenant $AO = OB$ pour unité,

$$\text{(I)} \qquad x = \frac{b-a}{b+a}, \qquad y = \frac{-c}{a+b}.$$

Si u_1 et v_1 sont les segments AH et BK, détachés par BP et AP sur les axes Au et Bv, l'équation du point P peut s'écrire

$$\text{(II)} \qquad \frac{u}{u_1} + \frac{v}{v_1} = 1;$$

on a aussi

$$\text{(III)} \qquad \frac{pA}{pB} = -\frac{b}{a}.$$

La condition pour que trois points soient en ligne droite, exprimée au moyen des coefficients de leurs équations, est évidemment la même que celle qui exprime, dans le système cartésien, que trois droites sont concourantes.

Dès lors, le mode de corrélation que nous choisirons se bornera simplement à ceci : *changer les coordonnées cartésiennes de points en coordonnées parallèles de droites.*

Ajoutons qu'à moins de circonstance particulière, nous supposerons toujours le système cartésien rectangulaire, et, de même, dans le système parallèle, les axes Au et Bv perpendiculaires à AB.

---

[1] Nous avons donné une théorie de ce système de coordonnées dans la brochure : *Coordonnées parallèles et axiales* (Paris, Gauthier-Villars; 1885). Nous en avons depuis publié quelques nouvelles applications dans les *Nouvelles Annales de Mathématiques* (p. 493, 1887; p. 568, 1889; p. 445 et 471; 1890) et dans le *Bulletin de la Société mathématique de France* (p. 108; 1890).

Une théorie de ces coordonnées a également été donnée en Allemagne par le Dr Karl Schwering, simultanément avec la nôtre.

Transformation des abaques à droites isoplèthes en abaques à points isoplèthes.

29. Rien de plus simple, lorsqu'on prend un abaque à trois systèmes de droites isoplèthes, que de construire l'abaque corrélatif à trois systèmes de points isoplèthes.

Il suffira de prendre les coordonnées

$$(x = a, y = b) \quad \text{et} \quad (x = a', y = b')$$

de deux points appartenant à chacune des droites du premier abaque. Le point correspondant sera celui où se rencontrent les droites dont les coordonnées, dans le système parallèle choisi, seront

$$(u = a, v = b) \quad \text{et} \quad (u = a', v = b').$$

Soit, par exemple, la droite PQ (*fig.* 23).

Fig. 23.

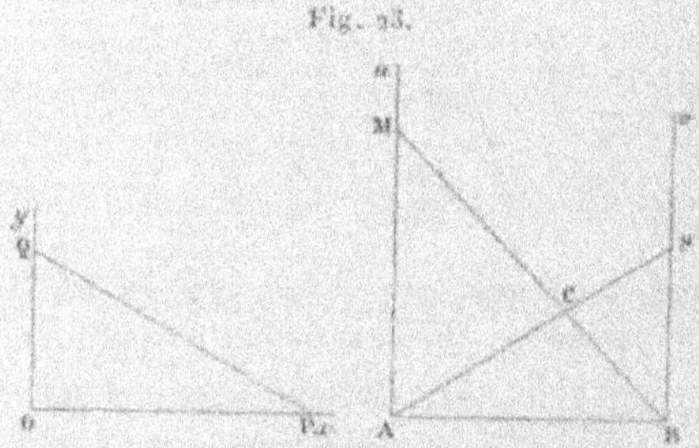

Au point P($x = p$, $y = 0$) correspond la droite BM ($u = p$, $v = 0$); au point Q($x = 0$, $y = q$), la droite AN($u = 0$, $v = q$). Donc le point C où se croisent BM et AN est corrélatif de la droite PQ qui joint les points P et Q.

Abaque de l'équation trinôme du troisième degré.

30. Comme exemple d'application, nous donnons ici (*fig.* 24 et *Pl. VIII*, courbe cotée 0) l'abaque pour la résolution de l'équation

$$z^3 + pz + q = 0\ (^1),$$

(¹) Nous avons fait connaître cet abaque dans notre Mémoire de 1884 (*Annales des Ponts et Chaussées*, 2ᵉ semestre, Pl. XL, *fig.* 3). Nous l'avons reproduit dans notre brochure : *Coordonnées parallèles et axiales*.

que nous avons obtenu en transformant, comme il vient d'être dit, l'abaque décrit au n° 15 et représenté par la *fig.* 9. Il ne donne, comme celui-ci, que les racines positives de l'équation. Les racines négatives seraient données par les points de la courbe ex-

Fig. 24.

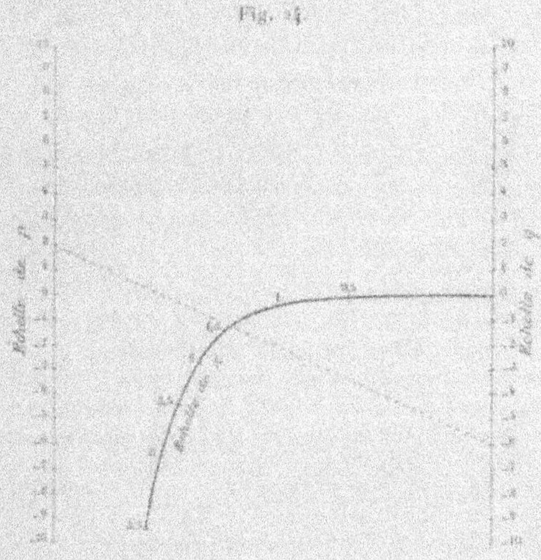

térieurs aux axes. On les obtient sur l'abaque réduit comme racines positives de l'équation

$$z^3 - pz - q = 0.$$

De même qu'avec l'abaque du n° 15, il suffisait de prendre les cotes des droites isoplèthes (z) passant par le point $x = p$, $y = q$, il suffira ici de prendre les cotes des points isoplèthes (z) situés sur la droite $u = p$, $v = q$.

On voit combien l'emploi de ce système est simple. Prenons, comme exemple, l'équation

$$x^3 - 2x - 6 = 0.$$

Joignant par une droite le point 2 de l'axe des p au point -6 de l'axe des q, nous obtenons sur la courbe le point 1,46 qui fait connaître la racine cherchée (¹).

(¹) Cette valeur a été obtenue, en réalité, sur un abaque dont la *fig.* 24 n'est que la réduction au ½.

Pour n'avoir pas à tracer de ligne sur l'abaque, il suffira de faire usage d'un transparent sur lequel sera marqué un trait rectiligne ou, mieux encore, d'un fil ou d'un crin qu'on tendra entre les points à joindre par une droite ([1]).

31. Il est bien évident que l'emploi des coordonnées parallèles ne servira pas seulement à transformer des abaques déjà construits au moyen des coordonnées cartésiennes.

Une équation à triple réglure étant donnée, on pourra, par l'application directe des coordonnées parallèles, obtenir immédiatement l'abaque à points isoplèthes correspondant.

Nous allons en prendre un exemple, qui nous fournira l'occasion de plusieurs remarques utiles.

Abaque du fruit intérieur du mur de soutènement d'une terrasse horizontale.

32. Supposons qu'on ait calculé le profil rectangulaire ABCD du mur de soutènement d'une terrasse horizontale et qu'on veuille

Fig. 25.

lui substituer un profil de même résistance à fruit intérieur MBCN.

([1]) Ce dernier procédé a, sur le précédent, au point de vue pratique, une incontestable supériorité qui tient à ceci : l'axe du transparent ayant été mis d'abord sur l'un des deux points à joindre, lorsqu'on l'amènera sur l'autre, on fera généralement varier un peu sa position aux environs du premier. Il faudra l'y ramener par un nouveau petit déplacement; de là quelques tâtonnements que l'emploi du fil permet d'éviter. En effet, le fil étant posé sur l'un des deux points, on l'y maintient avec l'ongle, tandis qu'on amène l'autre extrémité sur le second point. Il n'y a, de cette façon, aucune hésitation dans la lecture.

Soit (*fig.* 25)

p le rapport du poids de 1^{mc} de terre à celui de 1^{mc} de maçonnerie,

$$l = \frac{BM}{BA}, \qquad h = \frac{AP}{AD}.$$

On se donne l; p est connu; h s'en déduit par la formule

$$(1+l)h^2 - l(1+p)h - \frac{(1-l)(1+2p)}{3} = 0 \text{ (1)}.$$

Cette équation est du type (E'') (n° 4). Posons donc, en employant les coordonnées parallèles de droites u et v, au lieu des coordonnées de points x et y,

$$u = \frac{l(1+p)}{1+l}, \qquad v = \frac{(1-l)(1+2p)}{3(1+l)}.$$

Éliminant successivement p et l entre ces deux équations, on a pour les équations (I_1) et (I_2) des isoplèthes (l) et (p)

(I_1) $$v3l(l+1) + u2(l^2-1) - l(l-1) = 0,$$

(I_2) $$v3(p+1) + u(2p+1) - (p+1)(2p+1) = 0.$$

Quant à l'équation (I_3) (qui résulte de l'élimination de l et de p entre ces deux équations, ou les deux précédentes, et l'équation donnée), elle est ici

(I_3) $$hu + v - h^2 = 0.$$

Pratiquement,

l varie entre 0,5 et 1,
p » 0,4 et 1,
h » 0,7 et 1.

Il suffit donc, entre ces limites, de faire varier l, p et h respectivement dans les équations (I_1), (I_2) et (I_3), en faisant croître leurs valeurs, par exemple, de 0,05 en 0,05, et de marquer les points correspondants, l'abaque se trouve ainsi construit.

---

(1) Massau, *loc. cit.*, n° 298. L'épaisseur du mur à section rectangulaire est donnée par $e = \text{tang}\,\frac{\varphi}{2}\sqrt{\frac{mp}{3}}$, φ étant l'angle du talus naturel des terres, m le coefficient de stabilité qu'on se donne. Cette formule est facile à traduire en abaque hexagonal.

Pour la détermination des points, nous pouvons nous servir de leurs coordonnées cartésiennes rapportées, O étant le milieu de AB, à OB et à la perpendiculaire en O à OB.

D'après ce que nous avons vu au n° **28**, ces coordonnées sont données, si $\frac{AB}{2}$ est pris pour unité, par

$$x = \frac{l+2}{3l-2}, \qquad y = \frac{l(l-1)}{(l+1)(3l-2)} \qquad \text{pour le point } (l),$$

$$x = \frac{1-p}{7p+5}, \qquad y = \frac{(p+1)(2p+1)}{7p+5} \qquad \text{pour le point } (p),$$

$$x = \frac{1-h}{1+h}, \qquad y = \frac{h^2}{1+h} \qquad \text{pour le point } (h).$$

Rendons-nous compte de la nature des courbes sur lesquelles sont distribués ces divers points en éliminant entre les expressions de leurs coordonnées les paramètres arbitraires qu'elles renferment.

Ainsi, l'élimination de l donne pour lieu des points (l)

$$2y = \frac{1-x^2}{1+7x}.$$

De même, on trouve pour lieu des points (p)

$$2y = \frac{1-x^2}{1+7x};$$

pour lieu des points (h)

$$2y = \frac{(1-x)^2}{1+x}.$$

Circonstance curieuse, le lieu des points (l) et le lieu des points (p) se confondent en une seule courbe, l'hyperbole H' (*fig.* 26). Ce fait nous amène à cette remarque que deux courbes dont le tracé se confond, qui, au point de vue géométrique, n'en font qu'une seule, doivent, au point de vue des abaques, être considérées comme distinctes lorsqu'elles portent des *graduations différentes*. La distinction entre ces graduations pourra se faire en inscrivant les cotes de l'une d'elles d'un des côtés de la courbe, les cotes de la seconde, de l'autre. Au reste, et c'est ici le cas, il arrivera parfois que la portion de la courbe, support commun des deux graduations, répondant à l'amplitude de variation d'une des quantités correspondantes, soit tout à fait extérieure à la portion de la même courbe répondant à l'amplitude de variation de l'autre quantité. En d'autres termes, les échelles relatives à ces deux quantités seront supportées par deux arcs entièrement séparés d'une même courbe. Elles sont alors aussi distinctes que si elles étaient portées sur deux courbes différentes.

Fig. 26.

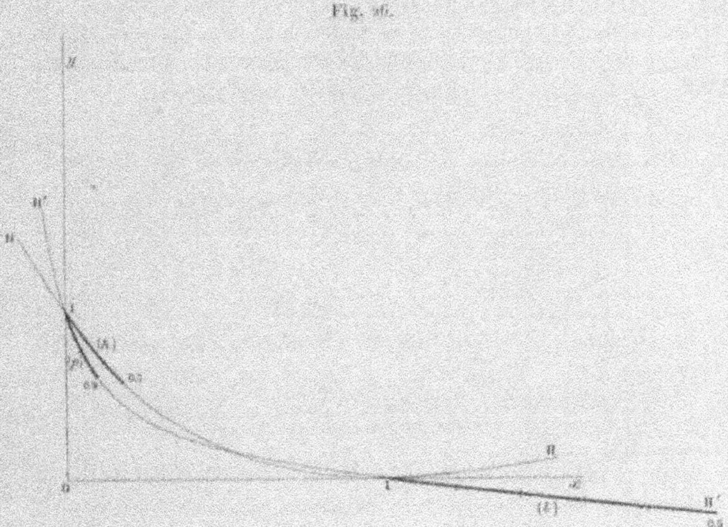

C'est, nous le répétons, le cas pour la formule actuelle. Nous avons indiqué en trait fort, sur la *fig.* 26, les arcs de courbe sur lesquels se trouvent les graduations répondant aux valeurs pratiquement possibles de l, p et h.

Application du principe de l'homographie.

33. C'est par une application du principe de dualité que nous avons transformé les abaques à droites isoplèthes en abaques à points isoplèthes. Nous allons maintenant faire observer qu'on peut également tirer parti, dans la construction des abaques, d'un autre principe généralement considéré comme d'un intérêt purement théorique. Nous voulons parler de celui de l'*homographie*.

Ce principe consiste à transformer une figure en substituant aux coordonnées x et y, les coordonnées x' et y' définies par des expressions de la forme

$$x' = \frac{a_0 x + b_0 y + c_0}{dx + ey + f}, \qquad y' = \frac{a_1 x + b_1 y + c_1}{dx + ey + f}.$$

Une telle transformation fait correspondre à des points en ligne droite, d'autres points en ligne droite. Elle sera, par suite, applicable aux abaques à points isoplèthes et permettra, dans beaucoup de cas, d'introduire chez ceux-ci d'utiles modifications.

34. Prenons comme exemple l'abaque du n° **32**. Puisque le point coté h a pour abscisse $x = \frac{1-h}{1+h}$, on a

$$h = \frac{1-x}{1+x};$$

on voit donc qu'une transformation homographique pour laquelle on aura

$$x' = \frac{1-x}{1+x}$$

donnera un abaque où le point coté h aura pour abscisse $x' = h$, et, par suite, où les valeurs de l'inconnue seront données en vraie grandeur (à l'échelle de la figure) par les abscisses des points (h).

Opérons donc la transformation définie par les formules

$$x' = \frac{1-x}{1+x}, \qquad y' = \frac{y}{1+x}.$$

Les points (l) sont alors donnés par

$$x' = \frac{2(l-1)}{3}, \qquad y' = \frac{l-1}{3(3-l)},$$

les points (p) par

$$x' = \frac{2(2p+1)}{3(p+1)}, \qquad y' = \frac{2p+1}{3},$$

les points (h) par

$$x' = h, \qquad y' = h^2.$$

Le support commun des graduations (l) et (p) est alors l'hyperbole

$$y' = \frac{x'}{4 - 3x'},$$

celui de la graduation (h), la parabole

$$y' = x'^2.$$

Nous avons encore, sur la *fig.* 27, indiqué en traits forts, les

Fig. 27.

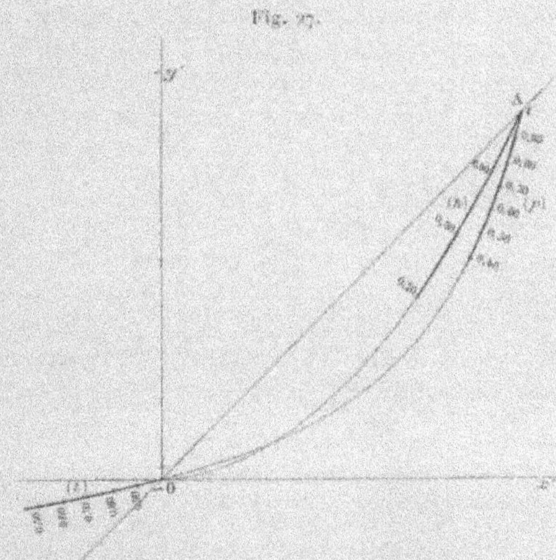

parties de courbes répondant aux échelles pratiques de l, de p et de h.

Dilatations d'ordonnées.

35. Le cas le plus simple de la transformation homographique est celui qui consiste à dilater les ordonnées des points de l'abaque, comptées à partir d'un axe convenablement choisi sur celui-ci, de manière à augmenter l'écartement de courbes trop rapprochées et l'angle sous lesquels certaines droites coupent ces courbes.

Ainsi l'abaque de la *fig.* 27 se trouve sensiblement amélioré par la dilatation, dans le rapport de 1 à 3, des ordonnées comp-

Fig. 28.

tées à partir de la droite OA, bissectrice de l'angle xOy. On obtient alors la *fig.* 28 [1].

---

[1] A titre de complément de l'abaque que nous avons choisi comme exemple, nous ferons la remarque suivante : le but qu'on se propose en substituant le mur à fruit intérieur au mur rectangulaire est d'obtenir la même résistance au renversement avec un moindre cube de maçonnerie. Il y a donc intérêt, une fois h calculé par l'abaque qui vient d'être décrit, à se rendre compte du rapport de l'aire de la section obtenue à la section primitive. Si l'on pose (*fig.* 25)

$$\frac{\text{aire ABCD}}{\text{aire MBCN}} = k,$$

on trouve bien facilement que

$$k = 2h + l - 2hl.$$

Construisons donc l'abaque de cette équation. Si l'on prend comme équations (I_1) et (I_2)

$$u = l, \quad v = k,$$

on a pour équation (I_3)

$$(2h - 1)u + v - 2h = 0.$$

Les points (l) et (k) sont, entre les limites convenables, les points de division

Anamorphose graphique.

36. En terminant ce qui est relatif aux équations à trois variables, nous ferons observer que, lorsqu'une telle équation est représentée par le croisement de trois cours d'isoplèthes, on peut déformer la figure d'une façon quelconque, attendu que les courbes se croisant en un même point continueront, après déformation, à se croiser en un même point. De là le principe de l'*anamorphose graphique* signalé par M. Lallemand et qui permet lorsque, dans une certaine portion de la figure, les courbes se croisent sous des angles trop petits, de faire disparaître cet inconvénient en déformant cette partie de la figure, suivant une loi absolument arbitraire (comme on le ferait si la figure était dessinée sur du caoutchouc, en tirant sur celui-ci dans un sens convenable). Mais un

---

des axes des u et des v portant des graduations naturelles. Quant aux points h, leurs coordonnées étant

$$x = \frac{1}{h} - 1, \qquad y = 1,$$

on voit qu'ils sont sur la droite qui joint les points $u = 1$, $v = 1$; en outre, le

Fig. 29.

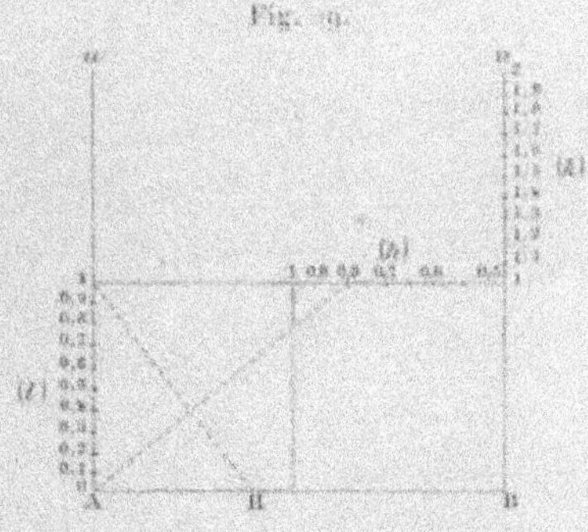

point coté h est sur la perpendiculaire abaissée de A sur la droite joignant le point $u = 1$ au point H de AB tel que AH $= h$, l'unité de longueur étant toujours $\frac{AB}{2}$. On obtient ainsi l'abaque de la *fig.* 29, qui peut être adjoint à celui de la *fig.* 28.

tel artifice n'est pas applicable avec les abaques à points isoplèthes, attendu qu'ici le mode de liaison entre points correspondants est constitué par le fait de se trouver en ligne droite et qu'une déformation arbitraire aurait pour effet d'altérer toutes les droites du plan.

CHAPITRE V.

ÉQUATIONS A PLUS DE TROIS VARIABLES. EMPLOI DES ÉCHELLES BINAIRES.

37. Il est facile de voir que le principe général utilisé pour la représentation des équations à trois variables ne peut pas être étendu à des équations à un plus grand nombre de variables. Si, en effet, nous introduisons une quatrième variable δ dans l'une des équations (I_1), (I_2), (I_3) du nº 1, par exemple dans la première, nous voyons qu'à chaque valeur de δ correspond un système d'isoplèthes (α). La superposition de ces divers systèmes d'isoplèthes (α) n'étant généralement pas possible sur un même tableau, il faut renoncer à ce mode de représentation. Nous ferons voir plus loin que ce principe est néanmoins applicable dans certaines circonstances (nº 45). Mais nous allons indiquer auparavant quelques artifices particuliers propres à conduire à la représentation d'équations à plus de trois variables, de types se rencontrant fréquemment dans la pratique.

Abaques hexagonaux à échelles binaires.

38. Le plus fécond de ces artifices est celui des échelles binaires, imaginé par M. Lallemand.

Nous avons vu, au nº 7, que les valeurs de toute fonction de deux variables $F(\alpha, \beta)$ pouvaient être obtenues, au moyen de parallèles à une direction fixe, sous forme de segments portés sur un certain axe, à partir d'une origine fixe O. Si la parallèle à la direction fixe menée par le point commun aux isoplèthes (α) et (β) coupe l'axe en question au point A, on a

$$OA = a = F(\alpha, \beta).$$

Accolons, dès lors, une telle échelle binaire à chacune des trois échelles d'un abaque hexagonal (*fig.* 30); celles des deux échelles parallèles aux côtés de l'angle de 120° représenteront, par exemple, $\Phi(\gamma, \delta)$ et $\Psi(\varepsilon, \eta)$, celle de l'échelle parallèle à la bissectrice, $F(\alpha, \beta)$.

Fig. 30.

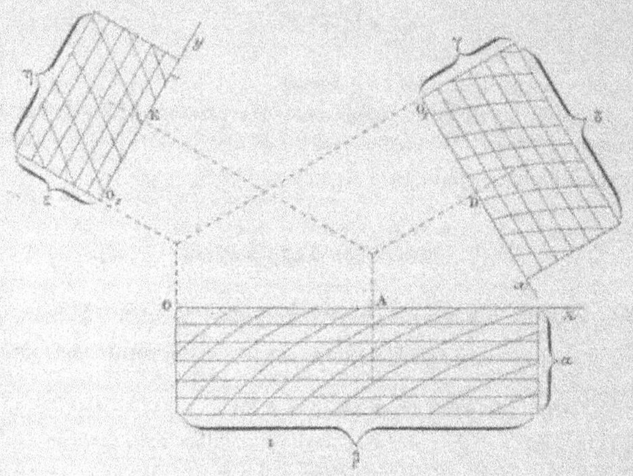

Cela posé, faisons passer les deux premiers axes de l'indicateur par les points (γ, δ) et (ε, η); le troisième axe passe par un certain point (α, β), et si A, D, E sont les points où les axes de l'indicateur coupent les échelles primitives Oz, O_1x, O_2y, on a

$$OA = F(\alpha, \beta), \qquad O_1D = \Phi(\gamma, \delta), \qquad O_2E = \Psi(\varepsilon, \eta).$$

Or, d'après ce qui a été dit au n° **21**,

$$OA = O_1D + O_2E;$$

par suite

$$F(\alpha, \beta) = \Phi(\gamma, \delta) + \Psi(\varepsilon, \eta).$$

On a ainsi la représentation d'un certain type général d'équation à six variables. Il est bien évident, d'ailleurs, qu'on peut remplacer une ou deux de ces échelles binaires par une ou deux échelles linéaires comme celles du n° **21**, ce qui fournit la représentation des équations à cinq ou quatre variables correspondantes.

Si l'équation proposée a la forme

$$F_1(\alpha, \beta) = \Phi_1(\gamma, \delta)\,\Psi_1(\varepsilon, \eta),$$

il suffit de poser

$$\log F_1(\alpha, \beta) = F(\alpha, \beta), \quad \log \Phi_1(\gamma, \delta) = \Phi(\gamma, \delta), \quad \log \Psi_1(\varepsilon, \eta) = \Psi(\varepsilon, \eta),$$

pour la ramener à la forme ci-dessus.

Les équations de cette forme sont extrêmement fréquentes dans la pratique. Aussi M. Lallemand a-t-il eu occasion de construire un grand nombre d'abaques de cette espèce.

Exemples d'application.

39. Il nous suffira d'en choisir deux à titre d'exemple :

1° *Abaque des intérêts composés.* — La formule des intérêts composés est

$$A = a(1 + r)^n,$$

dans laquelle

a désigne le capital placé;
r le taux du placement;
n la durée du placement;
A le capital produit à la fin de n années.

Cette formule peut s'écrire

$$\log A = \log a + n \log(1 + r).$$

On voit qu'elle est, d'après ce qui a été dit au paragraphe précédent, représentable par un abaque hexagonal (*Pl. V*), comprenant : une échelle linéaire pour le terme $\log A$, une autre pour le terme $\log a$, et une échelle binaire à parallèles pour le terme $n \log(1 + r)$.

Cette échelle binaire (n° 7), qui fournira les valeurs de $n \log(1 + r)$ sur le troisième axe de l'abaque hexagonal, pris pour axe des x de cette échelle binaire, par des parallèles à l'axe des y (qui ne seront autres que les positions successives de l'index correspondant de l'indicateur) se composera des isoplèthes

$$y = \log(1 + r),$$
$$x = ny.$$

Il est à noter que, dans le champ de variation de la variable r, de $0,025$ à $0,06$, les accroissements de $\log(1+r)$ sont sensiblement proportionnels à ceux de r.

Pour nous en rendre compte, calculons, au moyen d'une interpolation par parties proportionnelles, un des logarithmes intermédiaires, par exemple celui qui correspond à $r = 0,04$ et qui, se trouvant vers le milieu de l'intervalle considéré, donnera à peu près lieu à l'erreur la plus forte; nous aurons donc

$$\frac{\log 1,04 - \log 1,025}{\log 1,06 - \log 1,025} = \frac{1,04 - 1,025}{1,06 - 1,025},$$

d'où

$$\log 1,04 = \log 1,025 + \frac{15}{35}(\log 1,06 - \log 1,025) = 0,0169739.$$

La véritable valeur de $\log 1,04$ est

$$\log 1,04 = 0,0170333.$$

L'erreur commise est donc

$$\varepsilon = -0,0000594.$$

Si, comme c'est le cas sur la *Pl. V*, on représente l'unité par $\frac{2}{3} \times 1^{m}$, on voit que l'écart entre la position donnée à l'isoplèthe $r = 0,04$ et sa position vraie est de

$$\frac{2}{3} \times 1^{m} \times 0,00006 = 0^{m},00004,$$

soit de $\frac{1}{25}$ de millimètre. Cet écart est donc absolument inappréciable, et l'on peut, ayant construit les isoplèthes $r = 0,025$ et $r = 0,06$, interpoler entre celles-ci, comme s'il s'agissait d'une fonction linéaire, c'est-à-dire par parties proportionnelles.

Nous avons insisté sur cette remarque, parce qu'elle peut se répéter pour un certain nombre d'autres abaques et qu'il est bon que l'attention se porte sur elle, le cas échéant.

L'abaque dont nous venons d'indiquer la construction ([1]) est représenté par la *Pl. V*. Le premier axe de l'indicateur passant par le point de rencontre des isoplèthes (n) et (r) et le second par le point (a) de l'échelle correspondante, le troisième axe donne sur la troisième échelle la valeur de A.

On peut d'ailleurs prendre pour inconnue une quelconque des quatre quantités entrant dans la formule. Il est, en outre, bien évident, vu les limites imposées à la graduation, qu'on adoptera, pour exprimer le capital placé et le capital produit, une unité telle que le premier de ces nombres soit compris entre 1 et 10 et le second entre 1 et 100.

Exemple (pointillé de la *Pl. V*) : Pour $a = 20000^{\text{fr}}$, $r = 0{,}04$, $n = 15^{\text{a}}$, l'abaque donne $A = 36000^{\text{fr}}$.

2° *Abaque de la poussée des terres.* — M. Boussinesq a donné, pour le calcul de la poussée des terres sur un mur vertical de soutènement, la formule suivante :

$$P = \varpi \frac{H^2}{2} \frac{\tang^2\left(\frac{\pi}{4} - \frac{\varphi}{2}\right)\cos\left(\frac{\pi}{4} - \frac{\varphi}{2}\right)}{\cos\left[\varphi_1 - \left(\frac{\pi}{4} - \frac{\varphi}{2}\right)\right]},$$

dans laquelle

φ désigne l'angle de frottement des terres sur elles-mêmes;
φ_1 l'angle de frottement des terres sur la maçonnerie;
ϖ le poids en tonnes du mètre cube de terre;
H la hauteur du mur de soutènement;
P la poussée exprimée en tonnes par mètre carré.

On voit immédiatement que cette équation est représentable par un abaque hexagonal à échelles binaires ([2]), en la mettant sous la forme

$$\log P = (\log\varpi + 2\log H) + \left\{ 2\log\tang\left(\frac{\pi}{4} - \frac{\varphi}{2}\right) + \log\cos\left(\frac{\pi}{4} - \frac{\varphi}{2}\right) \right.$$
$$\left. - \log 2 - \log\cos\left[\varphi_1 - \left(\frac{\pi}{4} - \frac{\varphi}{2}\right)\right] \right\}.$$

([1]) Cet abaque a été construit par M. Prévot.
([2]) Cet abaque a été construit par M. Renard.

Le terme $\log P$ donne lieu à une échelle linéaire; le terme $\log \varpi + 2 \log H$ à une échelle binaire à parallèles, définie par les isoplèthes

$$y = \log \varpi,$$
$$x = y + 2 \log H;$$

enfin le troisième terme à une autre échelle binaire à parallèles, définie par les isoplèthes

$$y = \varphi_1,$$
$$x = 2 \log \operatorname{tang}\left(\frac{\pi}{4} - \frac{\varphi}{2}\right) + \log \cos\left(\frac{\pi}{4} - \frac{\varphi}{2}\right) - \log 2$$
$$- \log \cos\left[y - \left(\frac{\pi}{4} - \frac{\varphi}{2}\right)\right].$$

La *Pl. VI* représente l'abaque ainsi obtenu, lorsqu'on admet pour la variation des diverses données figurant dans la formule les amplitudes suivantes :

H, de 1 à 10^m;
ϖ, de 1^T, poids du mètre cube d'eau à $2^T,3$, poids du mètre cube de terre glaise mélangée de cailloux;
φ et φ_1 de $0°$ à $45°$.

Pour se servir de cet abaque, on fait passer le premier axe de l'indicateur par le point de rencontre des isoplèthes (H) et (ϖ), le second par le point de rencontre des isoplèthes (φ) et (φ_1); le troisième donne alors sur l'échelle de la poussée la valeur de P.

Exemple (pointillé de la *Pl. VI*) : Pour $\varpi = 2^T$, $H = 4^m,5$, $\varphi = 30°$, $\varphi_1 = 35°$, l'abaque donne $P = 5^T,87$.

Généralisation de l'addition graphique.

40. M. Lallemand est arrivé à donner une extension considérable à l'emploi des échelles binaires, grâce à l'ingénieuse remarque que voici :

Considérons autour d'un point O (*fig.* 31) six directions inclinées à 60° les unes sur les autres et numérotons-les 1, 2, 3, 4, 5, 6.

Sur l'axe 1, supposons portée une certaine graduation telle que le point à la distance *a* de O soit désigné par *a*; de même pour *b* sur l'axe 3; *c* sur 4; *d* sur 5.

Par les points a de 1 et b de 3, faisons passer deux des axes I et II de l'indicateur, le troisième III déterminera sur 2 un segment égal à $a + b$ (n° 21); si donc nous déplaçons l'indicateur en faisant glisser l'axe III sur lui-même jusqu'à ce que I, venu en I', passe par le point c de 4, II viendra déterminer en II' sur 3 un segment égal à $a + b + c$; faisant alors glisser II' sur lui-même jusqu'à ce que

Fig. 31.

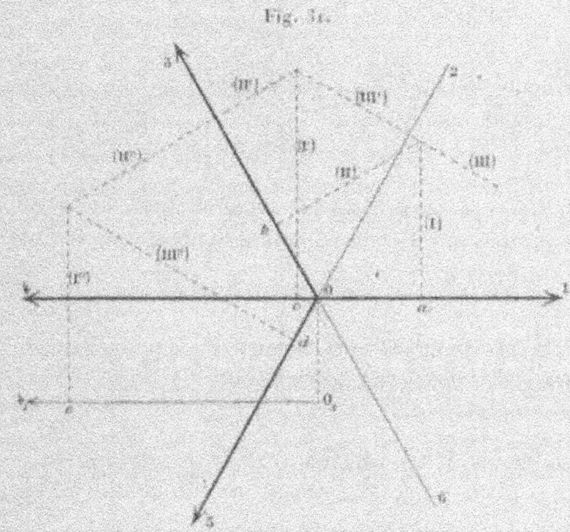

III' vienne, en III'', passer par le point d de 5, on voit que I' venu en I'' déterminera sur 4 un segment égal à $a + b + c + d$. On pourrait continuer encore plusieurs fois ainsi; mais nous nous bornerons là. Supposons donc que, sur l'axe $O_1 4$, parallèle à 4, soit portée, à partir de O_1, une graduation e; nous aurons

$$e = a + b + c + d.$$

Nous pouvons d'ailleurs prendre sur chacun des axes 1, 2, 3,.... des origines autres que le point O, sous la seule condition qu'elles soient correspondantes, c'est-à-dire qu'elles se trouvent simultanément trois à trois sous les axes de l'indicateur. Et, si à chacun de ces axes nous accolons des échelles binaires donnant respectivement sur eux les valeurs de $f(\alpha, \alpha')$, $\varphi(\beta, \beta')$, $\psi(\gamma, \gamma')$, $\chi(\delta, \delta')$ et

$F(\varepsilon, \varepsilon')$, nous voyons que nous avons la représentation de l'équation

$$f(\alpha, \alpha') + \varphi(\beta, \beta') + \psi(\gamma, \gamma') + \chi(\delta, \delta') = F(\varepsilon, \varepsilon').$$

La fonction du second membre pouvant être, par un simple changement de signe, reportée dans le premier, et le nombre des termes pouvant être, par la répétition du procédé sus-indiqué, pris tel que l'on veut, on peut dire que *la méthode en question permet de représenter toute équation dont le premier membre, égalé à o, se décompose en une somme de fonctions ne contenant chacune pas plus de deux variables* et que, pour cette raison, on peut appeler des *éléments binaires.*

Si l'équation est formée par l'égalité à une constante d'un produit d'éléments binaires, elle se ramène au cas précédent par une simple transformation logarithmique.

Généralisation de la multiplication graphique.

41. On a ainsi un champ très vaste d'équations à un nombre quelconque de variables, représentables sur un plan. Mais M. Lallemand a été encore plus loin, grâce à un nouvel artifice dont nous allons maintenant parler et qui lui a permis de représenter *toute équation dont chacun des membres se décompose en une somme de produits d'éléments binaires*, équation qui ne saurait, par transformation logarithmique, être ramenée au cas précédent.

Accolons à l'axe Ox (*fig.* 32) une échelle binaire E_1 du type défini au n° 7. Elle nous donnera sur cet axe, au moyen de parallèles à Oy, les valeurs d'une fonction de deux variables $\varphi(\alpha, \beta)$.

De même, une échelle binaire à radiantes E_2, du type défini au n° 8, nous donnera les valeurs d'une autre fonction de deux variables $\psi(\gamma, \delta)$ comme coefficients angulaires des droites issues de l'origine et passant par les points de rencontre des isoplèthes (γ) et (δ). On peut d'ailleurs toujours faire en sorte que le bord gauche de E_2 prolonge le bord droit de E_1. S'il n'en était pas ainsi, il suffirait de prendre la figure homothétique de E_2 par rapport au point O, de façon à satisfaire à cette condition.

Prenons le point qui est à la rencontre de la parallèle à Oy, menée par le point de rencontre des isoplèthes (α) et (β) de l'échelle E_1 avec la droite joignant le point O au point de rencontre des isoplèthes (γ) et (δ) de l'échelle E_2. D'après la définition même des échelles E_1 et E_2, on a pour ce point

$$x = \varphi(\alpha, \beta),$$
$$y = x\psi(\gamma, \delta);$$

par suite

$$y = \varphi(\alpha, \beta)\psi(\gamma, \delta).$$

Si donc on a tracé sur l'abaque des parallèles aux axes Ox et Oy et des radiantes allant de O au bord extérieur de l'échelle E_2, on n'aura qu'à suivre la parallèle à Ox menée par le point de rencontre de la parallèle (α, β) à Oy et de la radiante (γ, δ) pour avoir sur Oy la valeur de $\varphi(\alpha, \beta)\psi(\gamma, \delta)$.

Fig. 32.

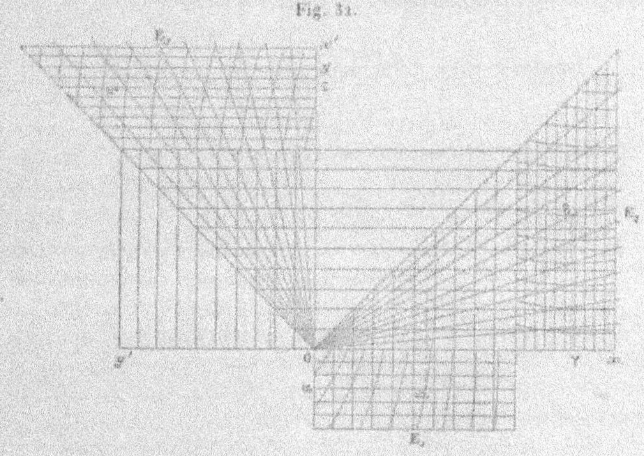

Faisant alors coïncider avec cet axe Oy l'axe Ox' d'un second abaque muni d'une échelle binaire à radiantes E_3 donnant les valeurs de $\chi(\varepsilon, \eta)$, on aura, de même, sur l'axe Oy', les valeurs de $\varphi(\alpha, \beta)\psi(\gamma, \delta)\chi(\varepsilon, \eta)$, et ainsi de suite.

On peut donc toujours disposer autour d'un certain axe A un abaque donnant sur cet axe les valeurs d'un produit d'éléments binaires en nombre quelconque.

Un second produit analogue pourra être donné par une échelle B, un troisième par une échelle C, etc.

Il suffit ensuite de combiner ces échelles par voie d'addition, au moyen du procédé indiqué au n° 40, pour obtenir la représentation d'une équation de la forme

$$\varphi(\alpha, \beta)\,\psi(\gamma, \delta)\,\chi(\varepsilon, \eta)\ldots + \varphi_1(\alpha_1, \beta_1)\,\psi_1(\gamma_1, \delta_1)\ldots + \ldots + \varphi_n(\alpha_n, \beta_n)\,\psi_n(\gamma_n, \delta_n)\ldots = 0.$$

Mode de combinaison plus général des éléments binaires.

42. Les éléments binaires peuvent d'ailleurs être combinés entre eux par d'autres voies que celle de l'addition ou de la multiplication.

Il suffit, en particulier, d'accoler respectivement à l'axe des x et à l'axe des y d'un abaque portant les isoplèthes

$$F(x, y, \varepsilon) = 0$$

les échelles

$$x = \varphi(\alpha, \beta), \qquad y = \psi(\gamma, \delta),$$

pour avoir la représentation de l'équation

$$F[\varphi(\alpha, \beta), \psi(\gamma, \delta), \varepsilon] = 0.$$

En particulier, si l'on veut avoir sur un axe pris comme axe des x des segments proportionnels aux valeurs d'une fonction de la forme $f[\psi(\gamma, \delta), \varepsilon]$, il n'y a, après avoir posé

$$\alpha = f[\psi(\gamma, \delta), \varepsilon],$$

qu'à prendre comme échelle de l'axe des x

$$x = \alpha \quad \text{(graduation naturelle)},$$

comme échelle de l'axe des y

$$y = \psi(\gamma, \delta) \quad \text{(échelle binaire)},$$

et comme isoplèthes rapportées à ces axes

$$\alpha = f(y, \varepsilon).$$

On pourrait, comme nous l'avons fait pour l'addition et la multiplication des éléments binaires, répéter plusieurs fois cette opération graphique; nous croyons inutile d'insister sur ce point. Cela revient, au fond, à faire une application répétée du principe de l'élimination graphique exposé au n° **10**.

Abaque de la déviation du compas.

43. Comme application de ce qui précède, nous choisirons l'abaque de la déviation du compas pour un navire donné, un des plus élégants qu'ait construits M. Lallemand.

La déviation du compas d'un navire, variable avec la position de celui-ci à la surface du globe, est donnée par la formule

$$\delta = A + m \sin\zeta + n \cos\zeta + B \sin 2\zeta + C \cos 2\zeta,$$

où

$$m = \operatorname{arc\,sin}\left[\mu\left(1 + \frac{1}{2}\sin B\right)\right], \qquad \mu = \frac{1}{\lambda}\left(e \operatorname{tang}\theta + \frac{P}{H}\right),$$

$$n = \operatorname{arc\,sin}\left[\nu\left(1 - \frac{1}{2}\sin B\right)\right], \qquad \nu = \frac{1}{\lambda}\left(f \operatorname{tang}\theta + \frac{Q}{H}\right),$$

ζ étant le cap du compas;

θ l'angle d'inclinaison magnétique, variable aux différents points du globe;

H la composante horizontale du magnétisme terrestre, également variable aux différents points du globe;

A, B, C, λ, e, f, P, Q des constantes connues pour chaque navire.

On voit que m et n, l'un par l'intermédiaire de μ, l'autre par celui de ν, sont tous deux fonctions de θ et de H, et, par suite, de la latitude l et de la longitude L du point du globe où se trouve le navire à l'instant considéré.

Voyons comment on pourra construire des échelles binaires faisant connaître les valeurs de m ou de n pour des valeurs données de l et de L. Nous n'aurons d'ailleurs besoin d'envisager que l'un de ces coefficients m, par exemple, la théorie étant absolument la même pour l'autre, n.

Prenons donc, pour l'échelle binaire de m, comme premiers systèmes d'isoplèthes (m) et (l), d'une part

$$x = m,$$

de l'autre

$$y = \mathrm{L}.$$

Pour obtenir les isoplèthes (l), nous nous servirons des planisphères terrestres sur lesquels sont marquées les courbes le long desquelles θ d'une part, H de l'autre, ont une valeur constante, véritables abaques dont ces courbes sont les isoplèthes.

Donnons-nous alors une valeur fixe pour l et faisons varier L. Pour cette valeur de l accouplée successivement avec chacune de ces valeurs de L, les cartes en question nous feront connaître les valeurs correspondantes de θ et de H. Nous en déduirons à chaque fois la valeur de μ et celle de m (soit par le calcul numérique, soit au moyen d'abaques préparés à cet effet), et, à chaque fois aussi, nous marquerons sur notre abaque le point $(x = m, y = \mathrm{L})$, qui appartient à l'isoplèthe (l). Ayant déterminé ainsi un nombre suffisant de points de cette isoplèthe, nous traçons ensuite celle-ci. Nous dessinons, de cette manière, autant d'isoplèthes (l) qu'il est nécessaire, et voilà notre échelle binaire de m obtenue (*Pl. VII*). De même pour n.

Posons alors

$$\delta' = m \sin\zeta,$$

$$\delta'' = \mathrm{A} + n\cos\zeta + \mathrm{B}\sin 2\zeta + \mathrm{C}\cos 2\zeta.$$

Il nous sera facile de construire des échelles donnant respectivement les valeurs de δ' et de δ''.

En effet, il suffira (nº 41) d'accoler l'axe des x de l'échelle binaire précédemment construite pour m à l'axe des x d'une échelle à radiantes (I) définie par

$$y = x \sin\zeta$$

pour avoir sur l'axe des y de celle-ci les valeurs de δ'. Cet axe des y n'aura, d'ailleurs, pas besoin d'être construit. La position correspondante de l'axe de l'indicateur sera déterminée par le point de rencontre de l'isoplèthe (ζ) de l'échelle à radiantes et de l'isoplèthe (m) menée par le point d'intersection des isoplèthes (l) et (L).

De même, il suffira d'accoler (nº 42) l'axe des x de l'échelle binaire construite pour n à l'axe des x d'un abaque (II) portant les isoplèthes rectilignes

$$y = \mathrm{A} + x\cos\zeta + \mathrm{B}\sin 2\zeta + \mathrm{C}\cos 2\zeta,$$

pour avoir, au moyen de perpendiculaires à l'axe des y de celui-ci, les valeurs de δ''.

Puisqu'on a

$$\delta = \delta' + \delta'',$$

il suffira de prendre les axes (non tracés) sur lesquels δ' et δ'' se projettent respectivement en vraie grandeur comme première et seconde échelle d'un abaque hexagonal, pour avoir sur la troisième les valeurs de δ.

C'est d'après ces principes qu'a été construit l'abaque de la *Pl. VII*, qui fait connaître la déviation du compas en un point quelconque du globe pour le navire *le Triomphe*.

Les constantes qui interviennent dans la formule ont ici les valeurs

$$\begin{aligned} \mathrm{A} &= -1^\circ{,}9', & e &= +0{,}106, \\ \mathrm{B} &= +6^\circ{,}43', & f &= -0{,}013, \\ \mathrm{C} &= -0^\circ{,}5', & \mathrm{P} &= -0{,}033, \\ \lambda &= 0{,}84, & \mathrm{Q} &= -0{,}020. \end{aligned}$$

Pour plus de netteté dans l'abaque partiel faisant connaître δ'', on n'a fait varier le cap du compas que d'une demi-circonférence. Afin donc d'avoir la valeur de δ'' correspondant à toutes les valeurs de δ'', on a dû répéter deux fois l'échelle binaire de n (1), l'une de ses positions correspondant à la graduation relative au demi-rumb nord, l'autre à la graduation relative au demi-rumb sud.

En résumé, ayant pris dans l'abaque de δ' le point de rencontre de l'isoplèthe (ζ) et de l'isoplèthe (m) passant par l'intersection des isoplèthes (l) et (L) et, dans l'abaque de δ'' (en tenant compte du demi-rumb où se trouve le compas), le point de rencontre de l'isoplèthe (ζ) et de l'isoplèthe (n) passant par l'intersection des isoplèthes (l) et (L), il suffit de faire respectivement passer par

(1) Sur l'échelle binaire de m qui est, en somme, un planisphère anamorphosé, on a distingué les mers des continents. On ne l'a pas fait sur l'échelle binaire de n, parce qu'il en serait résulté une certaine confusion dans le dessin.

ces points les deux premiers axes de l'indicateur pour que le troisième donne sur l'échelle de la déviation la valeur de δ.

Les lignes pointillées marquées sur la planche indiquent le mode d'emploi de l'abaque pour les données suivantes :

$$l = 42^\circ \text{N.}, \qquad \text{L} = 20^\circ \text{O.}, \qquad \zeta = 41^\circ,5.$$

L'abaque donne alors

$$\delta = 11^\circ,8.$$

CHAPITRE VI.

MÉTHODE DES POINTS DOUBLEMENT ISOPLÈTHES.

44. La méthode des éléments binaires de M. Lallemand, qui vient d'être exposée, englobe une foule de formules usuelles. Mais elle suppose essentiellement la répartition des diverses variables en groupes de deux. On pourra, dans certains cas ([1]), admettre une même variable dans un ou plusieurs groupes binaires, *à la condition toutefois que cette variable n'aura jamais à être prise comme inconnue*, car on voit bien aisément que, pour que l'abaque permette le calcul d'une des variables qui y figurent, il faut qu'à celle-ci ne corresponde qu'un seul système d'isoplèthes sur toute l'étendue de cet abaque. Or il peut se faire que la variable qui aurait à intervenir dans plusieurs éléments binaires soit précisément celle qu'on a besoin de calculer. Nous en citerons un exemple bien simple, celui de l'équation complète du troisième degré

$$z^3 + nz^2 + pz + q = 0,$$

que le système des abaques hexagonaux ne permet de représenter qu'au moyen de deux échelles binaires en z et n, et en z et p, et une échelle linéaire en q, ce qui fait que z ne peut être donné par l'abaque ainsi construit.

En raison des cas qui échappent comme celui-ci à l'application de la méthode précédente, il y a intérêt à signaler d'autres pro-

([1]) *Voir* en particulier l'exemple du numéro précédent, où l'ensemble des variables l et L d'une part, la variable ζ de l'autre, figurent deux fois dans les groupes partiels de l'abaque.

cédés de représentation pour certaines classes d'équations à plus de trois variables. C'est ce que nous allons faire à présent (¹).

Principe des points doublement isoplèthes.

45. Reprenons la forme générale (E^{III}) (n° 4) des équations à triple réglure en introduisant une quatrième variable δ dans une des lignes du déterminant

$$(E) \qquad \begin{vmatrix} f_1(\alpha,\delta) & f_2(\alpha,\delta) & f_3(\alpha,\delta) \\ \varphi_1(\beta) & \varphi_2(\beta) & \varphi_3(\beta) \\ \psi_1(\gamma) & \psi_2(\gamma) & \psi_3(\gamma) \end{vmatrix} = 0.$$

Cette équation exprime, si l'on représente par u et v des coordonnées parallèles de droites (n° 28), que les points dont les équations sont

$$(I_1) \qquad u f_1(\alpha,\delta) + v f_2(\alpha,\delta) + f_3(\alpha,\delta) = 0,$$

$$(I_2) \qquad u \varphi_1(\beta) \quad + v \varphi_2(\beta) \quad + \varphi_3(\beta) \quad = 0,$$

$$(I_3) \qquad u \psi_1(\gamma) \quad + v \psi_2(\gamma) \quad + \psi_3(\gamma) \quad = 0$$

sont alignés sur une même droite.

Lorsque, dans les équations (I_2) et (I_3), on fait varier les paramètres β et γ, on obtient deux séries de points isoplèthes (β) et (γ) distribuées chacune sur une certaine courbe.

Considérons maintenant l'équation (I_1). Pour chaque valeur de α, on obtient, par variation de δ, une certaine courbe qui est une isoplèthe (α). De même, pour chaque valeur de δ, on obtient, par variation de α, une isoplèthe (δ). Pour des valeurs particulières de α et de δ, le point (I_1) correspondant est à la rencontre des isoplèthes (α) et (δ) répondant à ces cotes particulières. C'est pourquoi nous l'appellerons *point doublement isoplèthe*.

En résumé, l'équation (E) est représentée par un abaque (*fig.* 33) composé des deux séries de points isoplèthes (β) et (γ) et des deux cours d'isoplèthes (α) et (δ), et les valeurs correspondantes des quatre variables sont telles que la droite joi-

(¹) *Voir* aussi la fin du n° 10.

gnant le point (β) au point (γ) passe par le point de croisement des isoplèthes (α) et (δ) (¹).

Fig. 33.

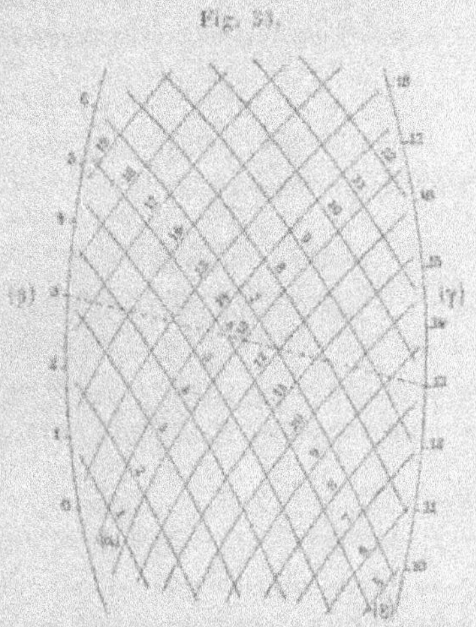

Par exemple, sur l'abaque de la *fig.* 33, pour

$$\alpha = 5, \quad \beta = 3, \quad \gamma = 13,$$

on a, comme le montre la droite en pointillé,

$$\delta = 15.$$

On a ainsi le cas d'extension à quatre variables du principe fondamental, auquel nous avons fait allusion au n° 37.

Abaque de l'équation complète du troisième degré.

46. Appliquons tout de suite cette méthode à l'équation complète du troisième degré

$$z^3 + nz^2 + pz + q = 0.$$

Il suffit, comme au n° 30, de prendre

$$u = p, \quad v = q.$$

(¹) Nous avons communiqué cette méthode à l'Académie des Sciences dans la séance du 23 février 1891 (*Comptes rendus*, t. CXII, p. 421).

équations qui fournissent, pour les deux systèmes de points simplement isoplèthes, les points de division des axes des u et des v. On a ensuite, pour engendrer les points doublement isoplèthes [équation (I_1) du numéro précédent], l'équation

$$z^3 + nz^2 + uz + v = 0.$$

Le point ainsi défini a pour coordonnées (rapportées à l'axe AB et à l'axe équidistant de ceux des u et des v) (n° 28),

$$x = \frac{1 - z}{1 + z}, \qquad y = -\frac{z^3 + nz^2}{1 + z}.$$

Les isoplèthes (z) sont des parallèles aux axes Au et Bv, puisque x ne dépend que de z. Quant aux isoplèthes (n), on les obtiendra en donnant à n une certaine valeur et considérant z, dans les expressions ci-dessus de x et de y, comme un paramètre arbitraire.

Faisons remarquer ici, comme nous l'avons déjà fait à propos de l'équation trinôme (n° 30), qu'on peut se borner aux valeurs positives de z, les racines négatives de l'équation proposée pouvant être obtenues comme racines positives de la transformée en $-z$

$$z^3 - nz^2 + pz - q = 0.$$

Il y a lieu aussi d'observer que les isoplèthes (n) sont très faciles à construire lorsqu'on a déjà la courbe correspondant à l'équation trinôme (n° 30, *fig.* 23) qui n'est autre que l'isoplèthe ($n = 0$). En effet, la valeur de y donnée plus haut peut s'écrire

$$y = -\frac{z^3}{1 + z} - n\frac{z^2}{1 + z}.$$

Dès lors, si nous donnons une certaine valeur à z, et, par suite, à x, nous aurons, en appelant y_n l'ordonnée correspondante de l'isoplèthe (n),

$$y_n = y_0 - n\frac{z^2}{1 + z},$$

c'est-à-dire que les isoplèthes (n) sont *affines* suivant la direction de l'axe des y [1].

Il suffira donc, à partir du point de l'isoplèthe ($n = 0$) coté z, et,

---

[1] Cette remarque est importante. Elle se répète pour un certain nombre d'abaques et introduit une grande simplification dans la construction de ceux-ci.

après avoir calculé la quantité $l = \frac{z^2}{1+z}$, de porter sur la parallèle menée par ce point à l'axe des y les longueurs l, $2l$, $3l$, ..., $-l$, $-2l$, $-3l$, ... On obtiendra, de cette façon, les points cotés z sur les isoplèthes $(n=-1)$, $(n=-2)$, $(n=-3)$, ..., $(n=1)$, $(n=2)$, $(n=3)$, ... L'abaque ainsi construit est représenté par la *Pl. VIII* (¹).

Pour avoir les racines positives de l'équation écrite plus haut, il suffit alors de lire les cotes z des parallèles aux axes passant par les points où la courbe (n) est coupée par la droite joignant le point p de l'axe des u au point q de l'axe des v. Par exemple, pour $n=1$, $p=-2{,}16$, $q=-3{,}2$, on a $z=1{,}6$. Cet exemple est indiqué par un trait pointillé sur la *Pl. VIII*. Le second trait pointillé se rapporte à l'équation prise pour exemple au nº 30.

Abaques des équations des quatrième et cinquième degrés.

47. Toute équation algébrique peut, par une transformation connue, être privée de second terme.

Il suffit, en effet, dans l'équation

$$Z^m + a_1 Z^{m-1} + a_2 Z^{m-2} + \ldots + a_m = 0,$$

de faire la substitution $Z = z - \frac{a_1}{m}$ pour que celle-ci prenne la forme

$$z^m + b_2 z^{m-2} + b_3 z^{m-3} + \ldots + b_m = 0.$$

En particulier, toute équation du quatrième degré peut être ramenée à la forme

$$z^4 + n z^2 + p z + q = 0.$$

Il suffira donc de construire, par la méthode des points doublement isoplèthes, l'abaque de cette équation pour avoir la résolution de l'équation du quatrième degré.

L'équation étant privée de second terme, on peut, lorsque le troisième n'est pas nul en même temps, ramener la valeur de celui-ci à ± 1. Il suffit, pour cela, de faire la substitution

$$z = z' \sqrt{\text{val. abs. } b_2}.$$

(¹) On pourrait, soit par transformation homographique, soit en prenant l'une des coordonnées courantes égale à n au lieu de p ou de q, faire varier l'abaque de l'équation du troisième degré, de façon à rendre son emploi pratique pour d'autres limites de variation des coefficients.

En particulier, toute équation du cinquième degré peut être ramenée à une des trois formes

$$z^5 + nz^2 + pz + q = 0,$$
$$z^5 + z^3 + nz^2 + pz + q = 0,$$
$$z^5 - z^3 + nz^2 + pz + q = 0.$$

Il suffira donc de construire l'abaque répondant à chacune de ces trois formes d'équation pour avoir la résolution de toute équation du cinquième degré, dans les limites, au moins, permises par les dimensions de l'abaque.

On sait qu'on peut aussi, par une transformation quadratique, priver toute équation du cinquième degré à la fois de son second et de son troisième terme et ramener, par suite, sa résolution à l'emploi du premier des trois abaques précédents. Nous croyons cependant que le procédé ci-dessus est pratiquement le plus simple.

Abaque de la distance sphérique.

48. Voici encore une application du principe des points doublement isoplèthes.

La distance sphérique φ de deux points en fonction de leurs latitudes λ et λ' et de la différence L de leurs longitudes peut s'écrire, ainsi que l'a remarqué M. Collignon,

$$2\cos\varphi = (1 + \cos L)\cos(\lambda - \lambda') - (1 - \cos L)\cos(\lambda + \lambda').$$

Si nous posons

$$u = -\cos(\lambda + \lambda') \text{ (1)}, \qquad v = \cos(\lambda - \lambda'),$$

l'équation précédente devient

$$2\cos\varphi = (1 + \cos L)v + (1 - \cos L)u,$$

équation d'un point doublement isoplèthe, puisque ses coefficients

(1) On pourrait aussi bien poser $u = \cos(\lambda + \lambda')$; mais alors la partie utile de l'abaque s'étendrait jusqu'à l'infini, puisque, le point de rencontre des isoplèthes (L) et (φ) ayant alors pour équation

$$2\cos\varphi = (1 + \cos L)v - (1 - \cos L)u,$$

son abscisse serait donnée par $x = \frac{1}{\cos L}$, dont la valeur absolue varie de 1 à ∞. Il faut toujours avoir soin, quand on construit un abaque, de veiller à ces sortes de détails.

contiennent deux paramètres φ et L, et qui va, par suite, donner naissance à deux cours d'isoplèthes (φ) et (L), ainsi qu'il a été dit au n° 38. Pour avoir ces isoplèthes, calculons les coordonnées du point en question (n° 28). Nous avons

$$x = \frac{(1 + \cos L) - (1 - \cos L)}{(1 + \cos L) + (1 - \cos L)} = \cos L,$$

$$y = \frac{2\cos\varphi}{(1 + \cos L) + (1 - \cos L)} = \cos\varphi.$$

Il n'y a donc aucune élimination à faire. Les isoplèthes (L) sont des parallèles à l'axe des y et les isoplèthes (φ) des parallèles à l'axe des x, passant les unes et les autres par les points d'égale

Fig. 34.

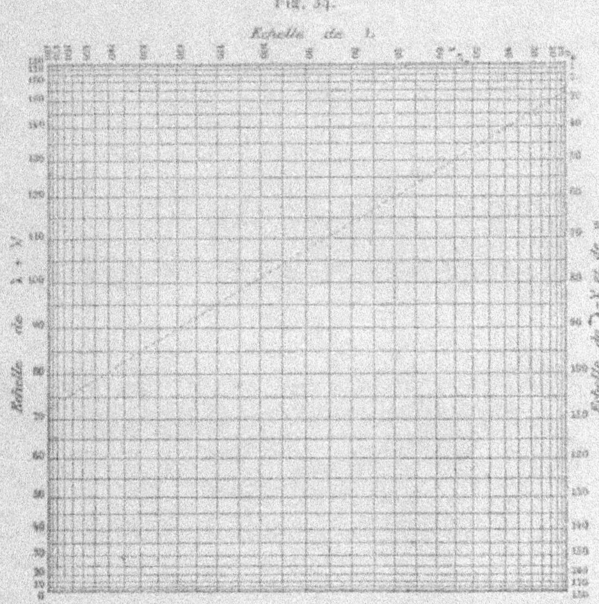

division du cercle (non tracé) de rayon 1, ayant son centre à l'origine (*fig.* 34) [1]. On joint le point $\lambda + \lambda'$ au point $\lambda - \lambda'$ par une

[1] Un tel abaque, dessiné à une échelle convenable, pourrait être inséré dans les Atlas de Géographie pour permettre l'évaluation de la distance entre deux points relevés sur une des Cartes de cet Atlas.

droite qui coupe la verticale L en un point; la cote de l'horizontale passant par ce point est la valeur de φ cherchée. Cette cote n'est autre d'ailleurs (puisque toute coordonnée v est l'y de son extrémité) que la valeur de $\lambda - \lambda'$ à laquelle aboutit cette horizontale.

A titre d'exemple, la droite marquée en pointillé sur la *fig.* 34 montre que la distance de Paris ($\lambda = 48°50'$, $L = 0$) à Hanoï ($\lambda = 23°40'$, $L = 116°$) est de $87°50'$.

L'abaque ainsi construit aurait pu être obtenu par transformation de celui que M. Collignon a fait connaître pour la même formule. Le principe de ce dernier abaque est le suivant. Si l'on pose $\cos L = x$, la formule qui fait connaître φ devient

$$2\cos\varphi = (1+x)\cos(\lambda-\lambda') - (1-x)\cos(\lambda+\lambda').$$

Si donc on construit les droites (*fig.* 35)

$$\text{AN},\qquad y = \frac{(1+x)}{2}\cos(\lambda-\lambda'),$$

$$\text{BM},\qquad y = \frac{(1-x)}{2}\cos(\lambda+\lambda')$$

et qu'on prenne

$$x = \text{OS} = \cos L,$$

$\cos\varphi$ est égal à la différence PQ des ordonnées correspondantes de

Fig. 35.

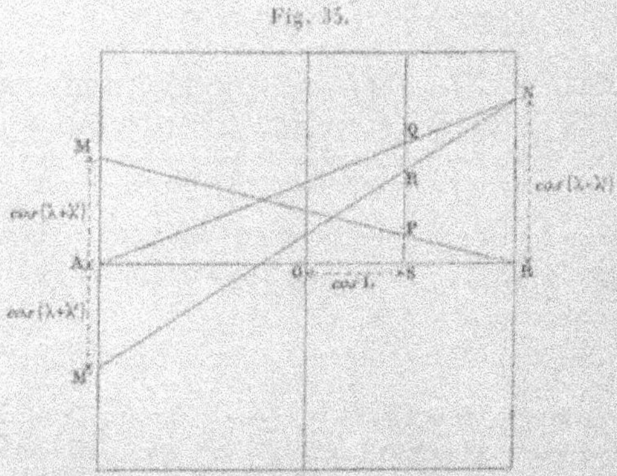

ces deux droites. La transformation qui permet de passer de cet abaque à celui qui a été décrit plus haut consiste à joindre le point N au symétrique M' de M par rapport à A; on voit facilement que, si la droite ainsi menée coupe PQ en R, on a PQ = SR. En effet,

$$\frac{RQ}{M'A} = \frac{BS}{BA} = \frac{SP}{AM},$$

et, par suite,

$$RQ = SP.$$

49. Il est bien évident qu'on pourra, dans un très grand nombre de cas, obtenir par des procédés particuliers, en appliquant des propositions de Géométrie élémentaire, les abaques auxquels conduit la méthode des points doublement isoplèthes. Outre l'intérêt qu'il y a, au point de vue théorique, à faire découler d'un principe unique tous les abaques d'une même famille, on peut remarquer que la méthode en question a généralement l'avantage de conduire d'emblée, ainsi qu'on l'a vu au numéro précédent, à l'abaque le plus simple. Voici, à ce point de vue, un autre exemple qui est frappant.

Abaque des lentilles.

50. Prenons la formule des lentilles dans le cas où les deux faces de la lentille plongent dans des milieux différents

$$\frac{f}{p} + \frac{f'}{p'} = 1,$$

où f et f' sont les distances focales, p et p' les distances du centre de la lentille à deux points conjugués. Si nous posons

$$u = f, \qquad v = f',$$

ce qui nous donne, pour les deux systèmes de points simplement isoplèthes, les points de division des axes, l'équation des points doublement isoplèthes est

$$\frac{u}{p} + \frac{v}{p'} = 1.$$

On voit donc, d'après la formule (II) du n° 28, que, pour une même valeur de p, on a des points distribués sur la droite joignant l'origine B au point de division p de l'axe Au, et, pour une même valeur de p', des points distribués sur la droite joignant l'origine A au point de division p' de l'axe Bv (*fig.* 36). Ce sont, par suite, ces droites issues respectivement de B et de A qui constituent les isoplèthes (p) et (p').

Si donc on connaît p, f et p' et qu'on veuille avoir f', on n'a qu'à lire la cote du point où Bv est coupé par la droite joignant le

Fig. 36.

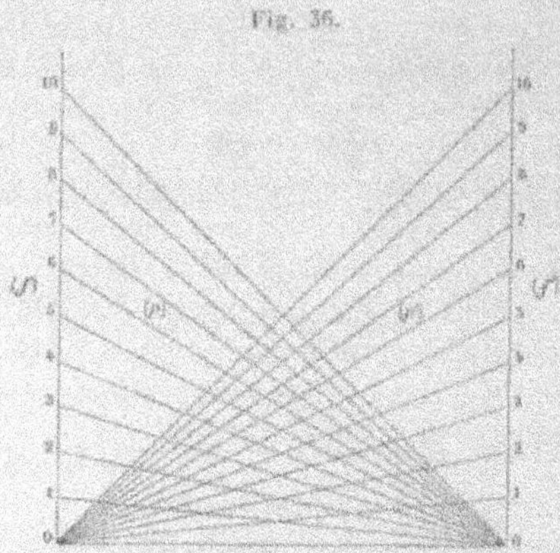

point f de Au au point de rencontre des radiantes p et p' issues de B et de A.

Dans le cas particulier de $f = f'$, on retrouve l'abaque de M. Gariel, que celui-ci a obtenu par un procédé particulier basé sur l'emploi combiné d'une anamorphose et d'une transformation perspective [1]. La marche ci-dessus indiquée est incontestablement plus directe et plus rationnelle.

51. Nous avons développé l'exemple précédent pour faire voir comment la construction de l'abaque de M. Gariel se rattache au principe des points doublement isoplèthes. Nous ferons remarquer maintenant que la formule des lentilles peut se mettre en abaque encore plus simplement. Il suffit d'un quadrillage, tel, par exemple, que celui qui est imprimé sur le papier à croquis qu'on trouve dans le commerce.

---

(1) *Voir* FAVARO et TERRIER, *Calcul graphique*, p. 219.

Ayant choisi dans ce quadrillage des axes Ox et Oy (*fig.* 37), on voit que la verticale correspondant à la valeur de f et l'horizontale correspondant à la valeur de f' doivent se couper sur la droite

Fig. 37.

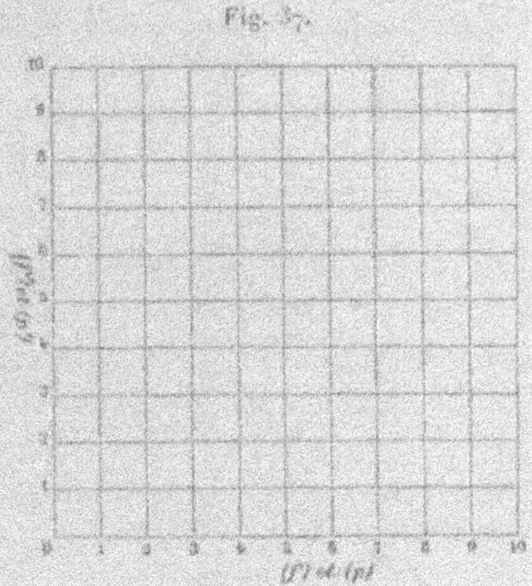

qui joint le point p de l'axe Ox au point p' de l'axe Oy. Cela tient tout simplement à ce que l'équation de cette droite est

$$\frac{x}{p} + \frac{y}{p'} = 1.$$

L'abaque ainsi obtenu et celui de la *fig.* 36 sont corrélatifs, selon le mode indiqué au n° 29. On peut remarquer, dans un intérêt purement théorique, que ce dernier abaque se rattache immédiatement aussi, si l'on veut, au principe des points doublement isoplèthes. Il suffit, pour cela, d'observer que l'équation

$$\frac{f}{p} + \frac{f'}{p'} = 1$$

est représentable par les deux systèmes de points simplement isoplèthes

$$u + v = 2p' \qquad (x = 0,\ y = p'),$$
$$u(1 - p) + v(1 + p) = 0 \qquad (x = p,\ y = 0),$$

et le système de points doublement isoplèthes

$$u(1 - f) + v(1 + f) - 2f' = 0 \qquad (x = f,\ y = f').$$

Équations à cinq et à six variables.

52. La méthode des points doublement isoplèthes, exposée au n° 45 pour le cas de quatre variables, peut évidemment s'étendre aux cas de cinq et de six variables par l'introduction de nouvelles variables dans la seconde et dans la troisième ligne du déterminant (E''') (n° 4). On a ainsi, dans le cas de cinq variables, deux points doublement isoplèthes

$$u f_1(\alpha, \delta) + v f_2(\alpha, \delta) + f_3(\alpha, \delta) = 0,$$
$$u \varphi_1(\beta, \varepsilon) + v \varphi_2(\beta, \varepsilon) + \varphi_3(\beta, \varepsilon) = 0,$$

et un point simplement isoplèthe

$$u \psi_1(\gamma) + v \psi_2(\gamma) + \psi_3(\gamma) = 0;$$

dans le cas de six variables, trois points doublement isoplèthes

$$u f_1(\alpha, \delta) + v f_2(\alpha, \delta) + f_3(\alpha, \delta) = 0,$$
$$u \varphi_1(\beta, \varepsilon) + v \varphi_2(\beta, \varepsilon) + \varphi_3(\beta, \varepsilon) = 0,$$
$$u \psi_1(\gamma, \eta) + v \psi_2(\gamma, \eta) + \psi_3(\gamma, \eta) = 0.$$

Chaque point simplement isoplèthe donnant naissance à une courbe graduée, et chaque point doublement isoplèthe à un système double de courbes isoplèthes, les équations à cinq variables ici envisagées donneront naissance à des abaques constitués par deux systèmes doubles de courbes isoplèthes et une courbe graduée, les équations à six variables à des abaques constitués par trois systèmes doubles de courbes isoplèthes.

En général, les portions utiles de ces trois systèmes doubles d'isoplèthes S, S_1 et S_2 se superposeront au moins partiellement, et la figure ainsi obtenue présentera à l'œil un enchevêtrement inextricable. Pour obvier à cet inconvénient, tout en laissant fixe un des systèmes S, faisons glisser les deux autres S_1 et S_2 parallèlement à une direction arbitraire, l'un vers la droite de la longueur d_1, l'autre vers la gauche de la longueur d_2, de manière à les séparer complètement de S (*fig.* 38). Dès lors, pour chaque lecture, le point p'_2 déterminé dans le système S_2 devra préalablement être reporté de la longueur d_2 vers la droite, dans la direction du glissement, soit en p_2, et le point p'_1 déterminé dans le système S_1

de d_1 vers la droite, soit en p_1. Les points p_1 et p_2 sont, dès lors, alignés avec le point p déterminé dans S. Il y a évidemment là une petite complication qu'il vaudra mieux éviter chaque fois que

Fig. 38.

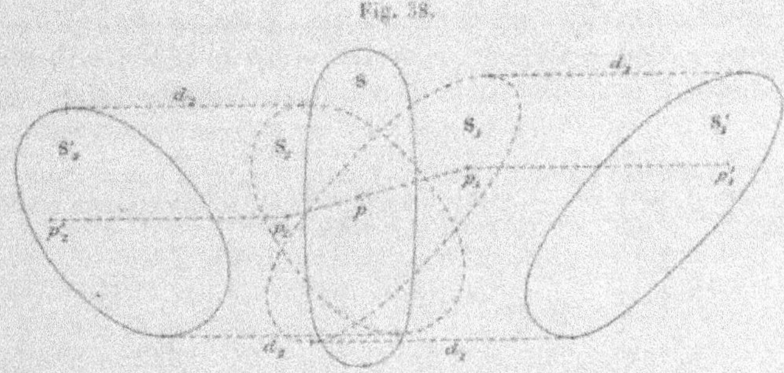

faire se pourra par la construction d'un abaque où les parties utiles des trois systèmes doubles d'isoplèthes ne se pénétreront pas.

Isoplèthes tangentielles.

53. Nous ferons enfin remarquer que la méthode de correspondance corrélative que nous avons indiquée au n° 29 pour la transformation des abaques sur lesquels l'application des coordonnées ponctuelles donnerait trois cours de droites isoplèthes peut aussi bien être appliquée dans le cas de trois courbes isoplèthes quelconques. Cette transformation aura pour effet de substituer à des isoplèthes ponctuelles des isoplèthes tangentielles, c'est-à-dire que les isoplèthes, au lieu de se correspondre par le passage de trois d'entre elles, de systèmes différents, en un même point, se correspondront par la tangence de trois d'entre elles, de systèmes différents, à une même droite. Une telle transformation, fort importante lorsqu'elle permet de substituer des points isoplèthes à des droites isoplèthes, serait sans intérêt pratique lorsqu'elle n'aurait pour effet que de remplacer certaines courbes par d'autres courbes. Elle peut cependant avoir des avantages lorsqu'on l'applique à des abaques dans lesquels deux des systèmes d'isoplèthes sur trois sont composés de droites, mais seulement lorsque les isoplèthes du troisième système, qui sont des courbes, sont plus simples sur le nouvel abaque que

sur l'ancien [1]. Le nouvel abaque comprend alors deux courbes graduées et un système d'isoplèthes tangentielles. A cette dernière catégorie appartiennent, en particulier, les Tableaux graphiques de M. Willotte pour la mesure des surfaces des profils de terrassements (*Ann. des Ponts et Chaussées*, 1880, 2e sem.; p. 303). Nous ne faisons d'ailleurs cette remarque qu'à simple titre de curiosité. Il nous semble inutile d'insister davantage sur ce sujet.

---

(1) En particulier, on n'aurait aucun avantage à appliquer une telle transformation à l'abaque du *mur de soutènement* décrit au n° 16, attendu que les cercles de celui-ci se transformeraient en hyperboles.

NOTE ADDITIONNELLE.

GÉNÉRALISATION DE L'EMPLOI DES TRANSPARENTS.

L'emploi de l'indicateur transparent utilisé par M. Lallemand pour ses abaques hexagonaux conduit tout naturellement à l'idée de transparents d'un caractère plus général.

Prenons un exemple. Supposons que le plan fixe porte deux cours d'isoplèthes

$$(I_1) \qquad F_1(x, y, \alpha) = 0,$$

$$(I_2) \qquad F_2(x, y, \beta) = 0$$

rapportées aux axes Ox et Oy, et le transparent un cours d'isoplèthes

$$(I'_3) \qquad F_3(x', y', \gamma) = 0$$

rapportées aux axes $O'x'$ et $O'y'$.

Admettons que l'on déplace le transparent en laissant ses axes respectivement parallèles à ceux du plan fixe. Si l'on accole à l'axe Ox une échelle linéaire telle que le point coté δ ait pour abscisse $\varphi(\delta)$, et à l'axe des y une échelle linéaire telle que le point coté ε ait pour ordonnée $\psi(\varepsilon)$, l'axe $O'y'$ du transparent passant par le point δ de Ox, et l'axe $O'x'$ par le point ε de Oy, on aura, pour l'équation des isoplèthes (γ) rapportées aux axes du plan fixe,

$$(I_3) \qquad F_3[x - \varphi(\delta), y - \psi(\varepsilon), \gamma] = 0.$$

On aura donc la forme de l'équation représentée par un tel abaque en éliminant x et y entre les équations (I_1), (I_2) et (I_3). Or, des deux premières on tire

$$x = f_1(\alpha, \beta), \qquad y = f_2(\alpha, \beta).$$

Il vient, par suite, en portant ces valeurs dans la troisième,

$$F_3[f_1(\alpha, \beta) - \varphi(\delta), f_2(\alpha, \beta) - \psi(\varepsilon), \gamma] = 0.$$

Si, au lieu d'accoler aux axes Ox et Oy, pour déterminer la position de l'origine O' du transparent, les échelles linéaires donnant $\varphi(\delta)$ et $\psi(\varepsilon)$, on y avait accolé des échelles binaires donnant $\varphi(\delta, \zeta)$ et $\psi(\varepsilon, \eta)$, on aurait eu la représentation de l'équation

$$F_1[f_1(\alpha, \beta) - \varphi(\delta, \zeta), f_2(\alpha, \beta) - \psi(\varepsilon, \eta), \gamma] = 0.$$

Ces quelques indications suffisent à montrer le parti qu'on peut, le cas échéant, tirer de l'emploi des transparents. Il serait facile d'imaginer d'ailleurs bien d'autres variétés pour ceux-ci. Grâce à cette notion, on peut rattacher à la théorie générale des abaques divers procédés de calcul graphique d'un genre particulier, notamment le *profilomètre* de M. Siégler (*Ann. des Ponts et Chaussées*, 1881, 1er sem., p. 98).

FIN.

TABLE DES MATIÈRES.

TABLE DES PLANCHES.

47329 Paris. — Imprimerie GAUTHIER-VILLARS ET FILS, quai des Grands-Augustins, 55.

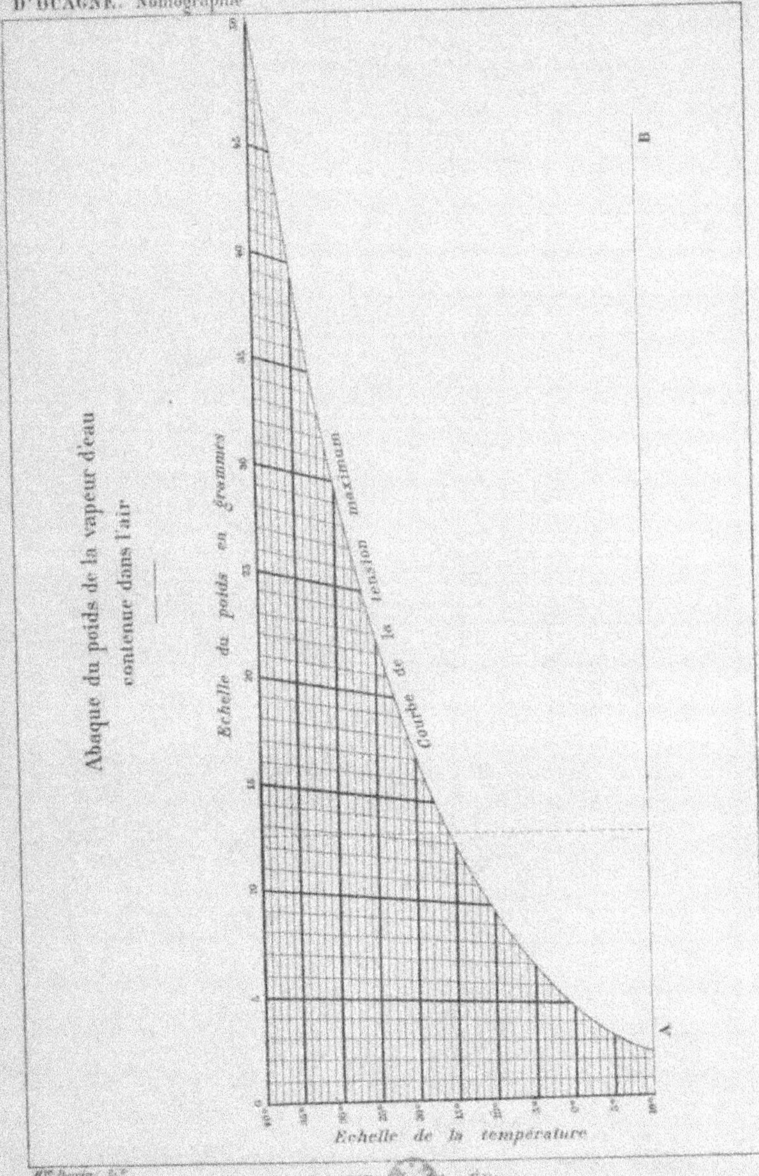

Gauthier-Villars et Fils, Éditeurs.

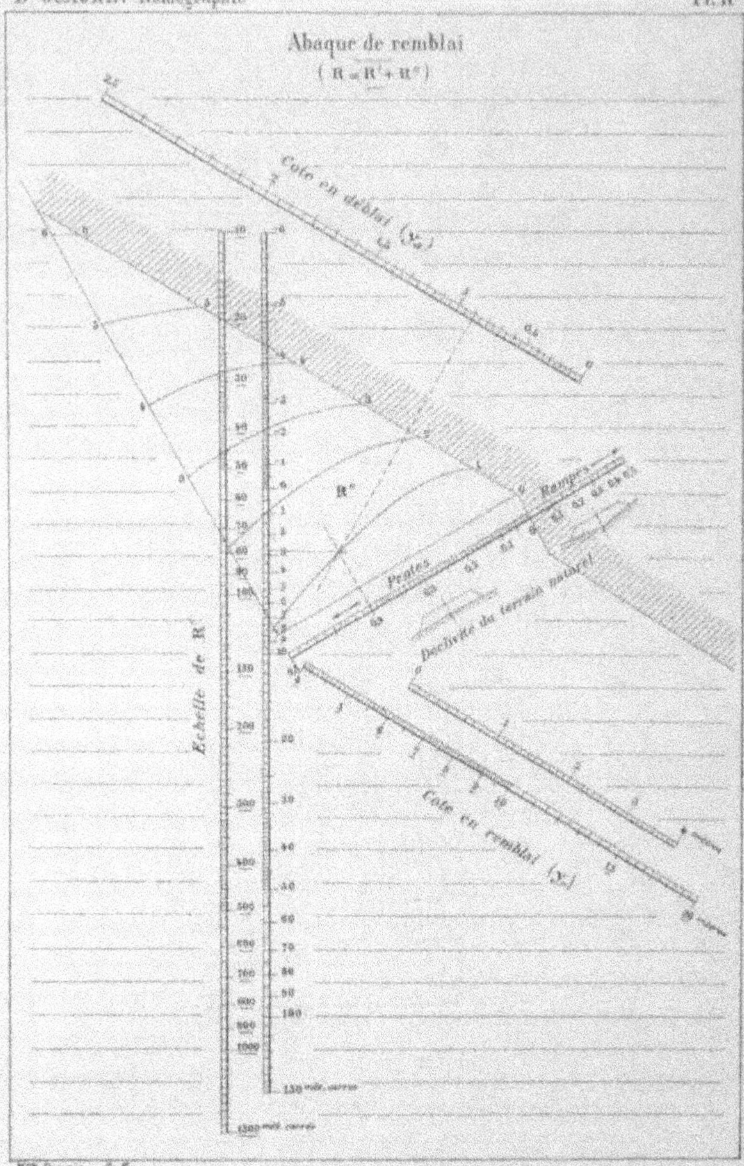

Mme Perrin, Sc.
Gauthier-Villars et Fils, Éditeurs.

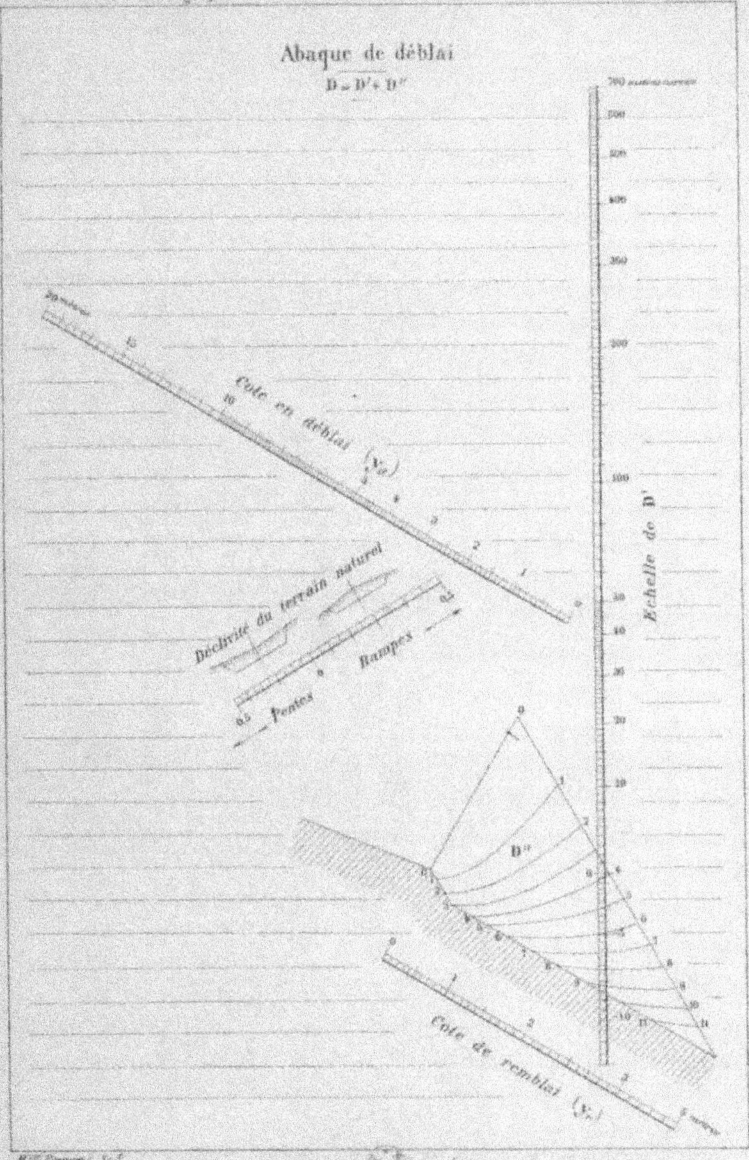

Gauthier-Villars et Fils, Éditeurs.

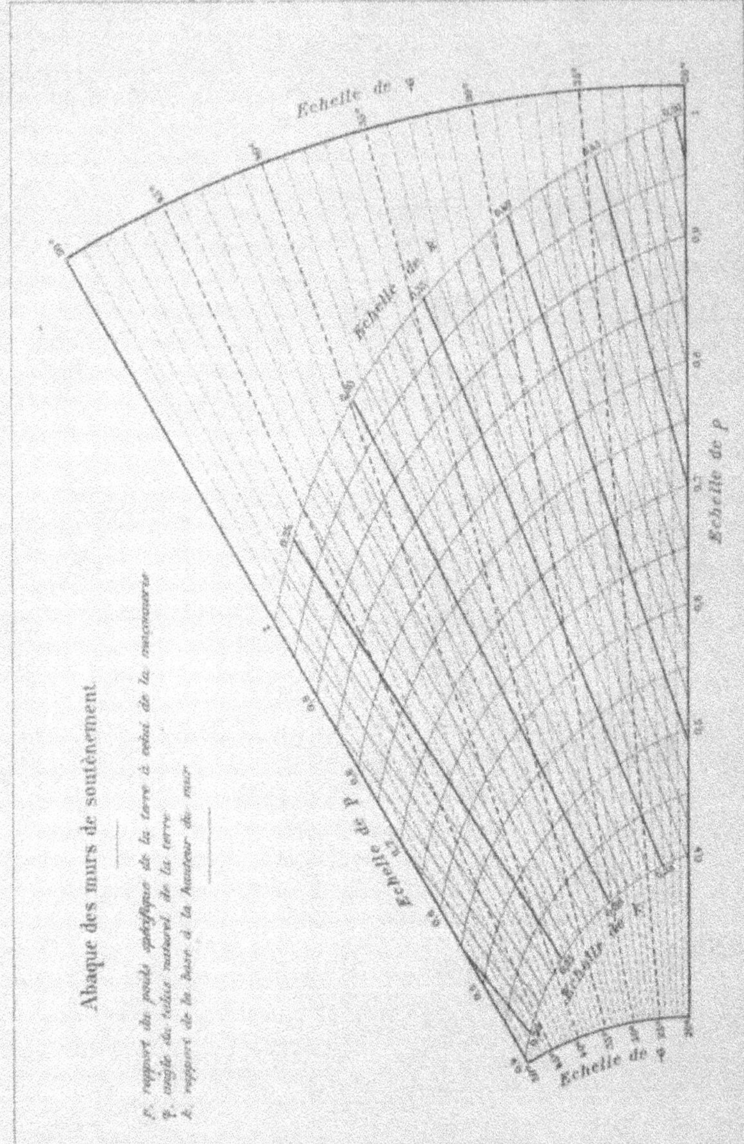

Mme Perrin, Sc.

Gauthier-Villars et Fils, Éditeurs.

Abaque des intérêts composés

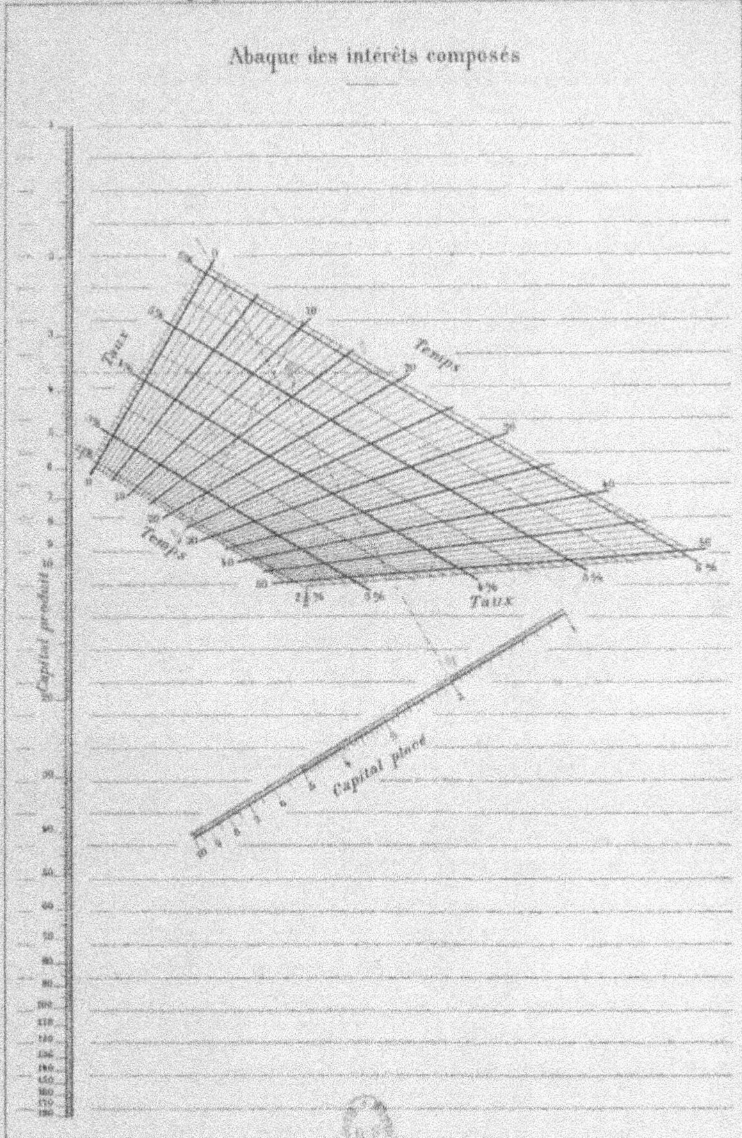

Mme Perrin, Sc.
Gauthier-Villars et Fils, Éditeurs.

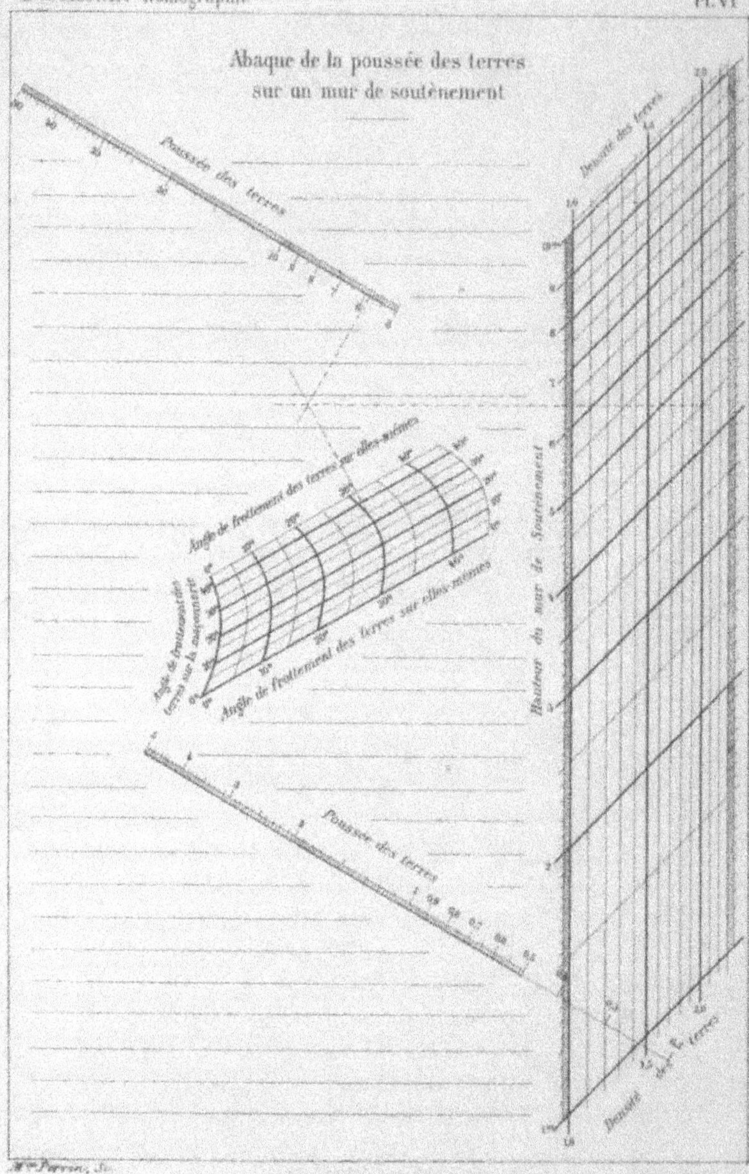

Mme Perron, Sc.
Gauthier-Villars et Fils, Éditeurs.

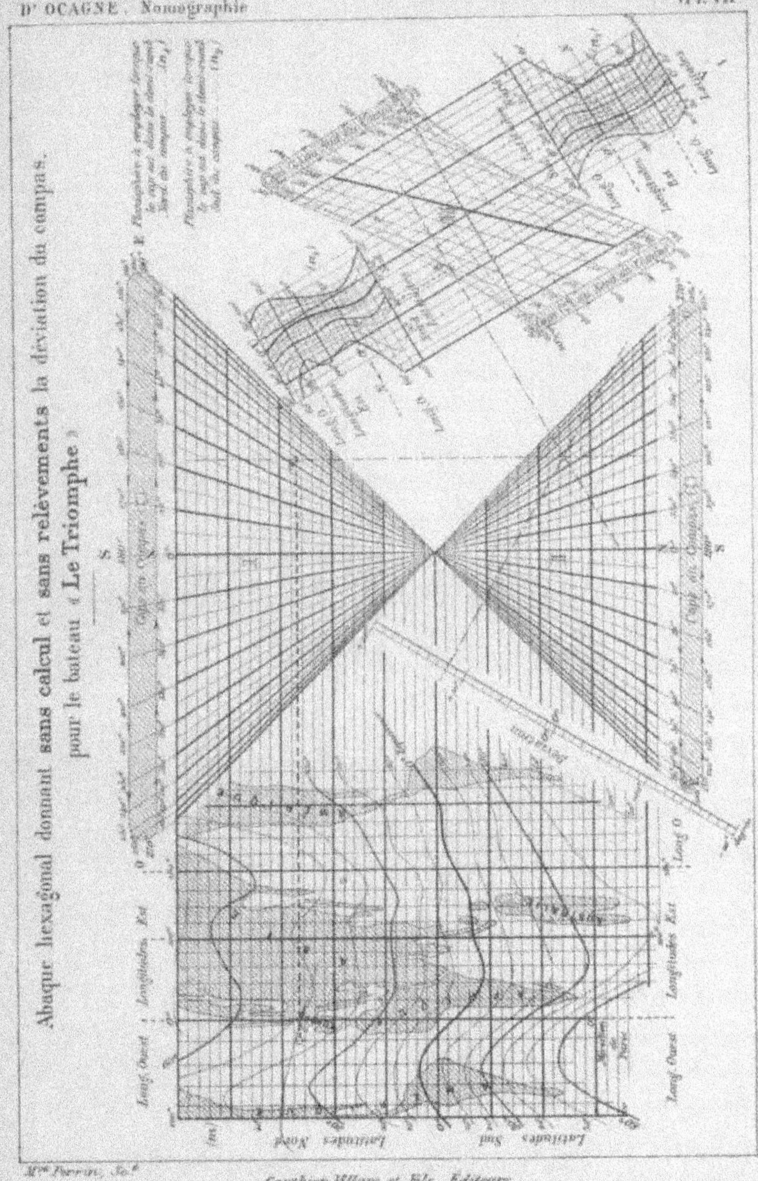

Mme Perrin, Sc.

Gauthier-Villars et Fils, Éditeurs.

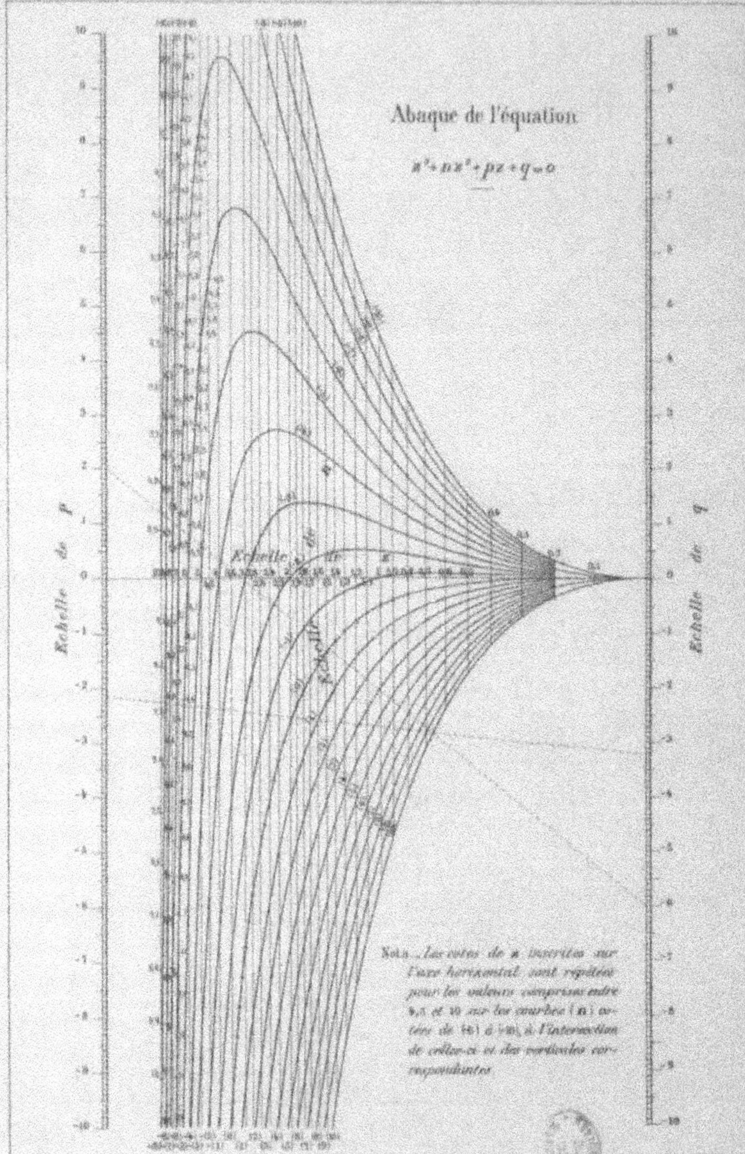

Mlle Perrin, Sc.

Gauthier-Villars et Fils, Éditeurs

Paris. — Imprimerie GAUTHIER-VILLARS ET FILS, quai des Grands-Augustins, 55.

www.ingramcontent.com/pod-product-compliance
Ingram Content Group UK Ltd.
Pitfield, Milton Keynes, MK11 3LW, UK
UKHW021545260726
13993UKWH00002B/636